高等院校数字艺术精品课程系列教材

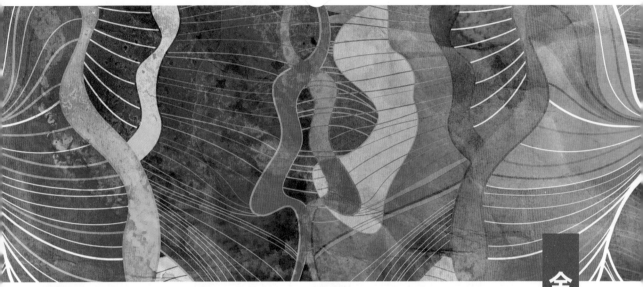

Photoshop+Illustrator
平面设计实战教程

全彩慕课版

孔翠 李海龙 主编 / 刘希 张进 肖康 副主编

人民邮电出版社

北京

图书在版编目（CIP）数据

Photoshop+Illustrator平面设计实战教程 : 全彩慕课版 / 孔翠，李海龙主编. -- 北京 : 人民邮电出版社，2021.10

高等院校数字艺术精品课程系列教材

ISBN 978-7-115-56026-1

Ⅰ．①P… Ⅱ．①孔… ②李… Ⅲ．①平面设计－图像处理软件－高等学校－教材 Ⅳ．①TP391.413

中国版本图书馆CIP数据核字(2021)第032011号

内 容 提 要

本书以平面设计的典型应用为主线，通过多个精彩、实用的案例，全面、细致地讲解了如何利用Photoshop 和 Illustrator 完成专业的平面设计项目，不但能使学生熟练掌握软件的基本功能，而且能启发其设计灵感，开拓其设计思路，提高其设计能力。本书具体内容包括平面设计基础知识、图形图像基础知识、图标设计、标志设计、卡片设计、Banner 设计、宣传单设计、广告设计、海报设计、书籍封面设计、画册设计、包装设计、网页设计、UI 设计、H5 设计和 VI 设计。

本书可作为高职高专院校数字媒体艺术类专业课程的教材，也可供 Photoshop 和 Illustrator 的初学者及有一定平面设计经验的读者阅读。

◆ 主　 编　孔 翠　李海龙
　　副主编　刘 希　张 进　肖 康
　　责任编辑　王亚娜
　　责任印制　王 郁　彭志环

◆ 人民邮电出版社出版发行　　北京市丰台区成寿寺路 11 号
　　邮编　100164　电子邮件　315@ptpress.com.cn
　　网址　https://www.ptpress.com.cn
　　鑫艺佳利（天津）印刷有限公司印刷

◆ 开本：787×1092　1/16
　　印张：14.25　　　　　　　　2021 年 10 月第 1 版
　　字数：361 千字　　　　　　 2024 年 12 月天津第 7 次印刷

定价：69.80 元

读者服务热线：(010)81055256　印装质量热线：(010)81055316
反盗版热线：(010)81055315
广告经营许可证：京东市监广登字 20170147 号

PREFACE ——————————— 前 言

本书全面贯彻党的二十大精神，以社会主义核心价值观为引领，传承中华优秀传统文化，坚定文化自信，使内容更好体现时代性、把握规律性、富于创造性。

如何使用本书

Step1 通过基础知识，快速了解平面设计

软件启动界面

应用领域

位图和矢量图的区别

Photoshop+Illustrator

Step2 通过课堂案例，边做边学，熟悉设计思路

4.1 盛发游戏标志设计

图标设计 + 标志设计 + 卡片设计 +Banner 设计 + 宣传单设计 + 广告设计 + 海报设计 + 书籍封面设计 + 画册设计 + 包装设计 + 网页设计 +UI 设计 + H5 设计 +VI 设计 14 个核心应用领域

【案例学习目标】在 Illustrator 中，学习使用绘图工具、“路径查……充”工具绘制标志图形；在 Photoshop 中，学习使用“置入嵌入对象”……按钮制作标志立体效果。

了解目标和要点

【案例知识要点】在 Illustrator 中，使用“钢笔”工具、“椭圆”工具、“联集”按钮绘制卡通脸型，使用“椭圆”工具、“矩形”工具、“圆角矩形”工具、“旋转”工具和“多边形”工具绘制游戏手柄，使用“文字”工具、“字符”控制面板添加标准字；在 Photoshop 中，使用“图案叠加”命令添加背景底纹；使用“置入嵌入对象”命令添加标志图形、使用“斜面和浮雕”命令、“投影”命令为标志图形添加立体效果。

【效果所在位置】云盘 /Ch04/ 效果 / 盛发游戏标志设计 / 盛发游戏标志 .ai、盛发游戏标志立体效果 .psd。

盛发游戏标志设计效果如图 4-1 所示。

精选典型商业案例

盛发游戏标志设计 1

盛发游戏标志设计 2

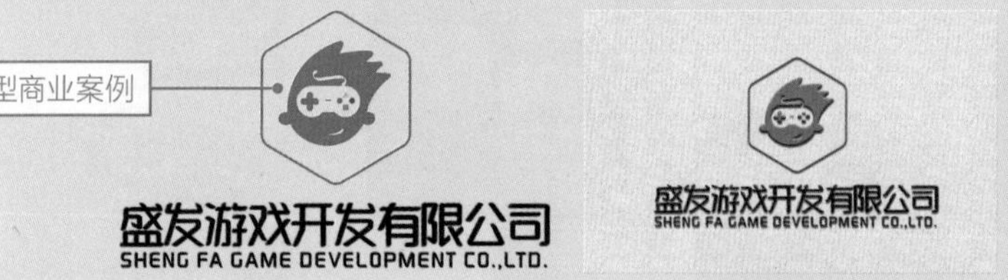

图 4-1

4.1.1 制作标志

（1）打开 Illustrator CC 2019，按 Ctrl+N 组合键，弹出“新建文档”对话框。设置文档的宽度为 210 mm，高度为 297 mm，取向为纵向，出血为 3 mm，颜色模式为 CMYK。设置完单击“创建”按钮，新建一个文件。

（2）选择“钢笔”工具，在页面中绘制一个不规则图形，如图 4-2 所示。选择“椭圆”工具，在页面中分别绘制 3 个椭圆形，如图 4-3 所示。

文字 + 步骤视频详解

Step3 通过课堂练习 + 课后习题，拓展应用能力

4.2 课堂练习——伯仑酒店标志设计

【练习知识要点】在 Illustrator 中，使用"钢笔"工具、"矩形"工具、"路径查找器"控制面板、"椭圆"工具、"填充"工具和"文字"工具制作标志；在 Photoshop 中，使用"创建新的填充或调整图层"按钮、"渐变"工具添加背景底纹，使用"置入嵌入对象"命令、"添加图层样式"按钮制作标志立体效果。

【效果所在位置】云盘 /Ch04/ 效果 / 伯仑酒店标志设计 / 伯仑酒店标志 .ai、伯仑酒店标志立体效果 .psd。

伯仑酒店标志设计效果如图 4-48 所示。

扫码观看操作视频

商业案例

图 4-48

4.3 课后习题——天鸿达科技标志设计

【习题知识要点】在 Illustrator 中，使用"矩形"工具、"直接选择"工具、"填充"工具和"路径查找器"控制面板制作标志图形，使用"文字"工具、"字符"控制面板添加标准字；在 Photoshop 中，使用"创建新的填充或调整图层"按钮添加背景底纹，使用"置入嵌入对象"命令、"添加图层样式"按钮制作标志立体效果。

【效果所在位置】云盘 /Ch04/ 效果 / 天鸿达科技标志设计 / 天鸿达科技标志 .ai、天鸿达科技标志立体效果 .psd。

天鸿达科技标志设计效果如图 4-49 所示。

训练本章所学知识

图 4-49

Step4 通过综合实战，演练真实商业项目

图标设计

卡片设计

Banner 设计

宣传单设计

广告设计

海报设计

画册设计

PREFACE ——————————————— 前 言

书籍封面设计

包装设计

网页设计

UI 设计

H5 设计
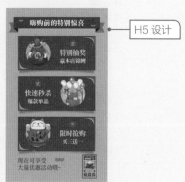

标志设计

VI 设计

盛发游戏开发有限公司
SHENG FA GAME DEVELOPMENT CO.,LTD.

配套资源及获取方式

● 所有案例的素材及最终效果文件。

● 案例操作视频。

● PPT 课件。

● 教学大纲。

● 教学教案。

全书的慕课视频，读者可登录人邮学院网站（www.rymooc.com）或扫描封面上的二维码，使用手机号码完成注册，在首页右上角单击"学习卡"选项，输入封底刮刮卡中的激活码，即可在线观看视频。

全书的配套资源，读者可登录人邮教育社区（www.ryjiaoyu.com），在本书页面中免费下载使用。

教学指导

本书的参考学时为 64 学时，其中实训环节为 28 学时。各章的参考学时参见下面的学时分配表。

章	课程内容	学时分配	
		讲授	实训
第 1 章	平面设计基础知识	1	
第 2 章	图形图像基础知识	1	
第 3 章	图标设计	2	2
第 4 章	标志设计	2	2
第 5 章	卡片设计	2	2
第 6 章	Banner 设计	2	2
第 7 章	宣传单设计	2	2
第 8 章	广告设计	2	2
第 9 章	海报设计	2	2
第 10 章	书籍封面设计	4	2
第 11 章	画册设计	2	2
第 12 章	包装设计	4	2
第 13 章	网页设计	2	2
第 14 章	UI 设计	2	2
第 15 章	H5 设计	2	2
第 16 章	VI 设计	4	2
学时总计		36	28

本书约定

本书案例素材文件所在位置：章号 / 素材 / 案例名，如 Ch05/ 素材 / 音乐会门票设计。

本书案例效果文件所在位置：章号 / 效果 / 案例名，如 Ch05/ 效果 / 音乐会门票设计。

PREFACE ——————— 前　言

　　本书中关于颜色设置的表述，如红色（255、0、0），括号中的数字分别为其 R、G、B 的值。

　　本书中关于颜色设置的表述，如蓝色（100、100、0、0），括号中的数字分别为其 C、M、Y、K 的值。

　　由于作者水平有限，书中难免存在不妥之处，敬请广大读者批评指正。

编　者

2021 年 6 月

Photoshop+Illustrator

CONTENTS —————————— 目录

—01—

第1章　平面设计基础知识

—02—

第2章　图形图像基础知识

—03—

第3章　图标设计

Photoshop+Illustrator

— 04 —

第 4 章　标志设计

— 06 —

第 6 章　Banner 设计

— 05 —

第 5 章　卡片设计

— 07 —

第 7 章　宣传单设计

CONTENTS
目 录

—12—

第 12 章　包装设计

—13—

第 13 章　网页设计

—14—

第 14 章　UI 设计

—15—

第 15 章　H5 设计

CONTENTS 目录

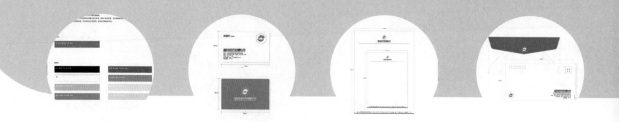

— 16 —

第 16 章　VI 设计

第1章

平面设计基础知识

▶ 本章介绍

　　本章主要介绍平面设计的基础知识，包括平面设计的概念、应用、基本要素、应用软件和工作流程等内容。作为一个平面设计师，只有全面地了解和掌握平面设计的基础知识，才能更好地完成平面设计与制作任务。

学习目标

● 了解平面设计的概念和应用。

● 了解平面设计的基本要素和应用软件。

● 掌握平面设计的工作流程。

1.1 平面设计的概念

1922年，美国人威廉·阿迪逊·德威金斯最早提出和使用了"平面设计（Graphic Design）"一词。20世纪70年代，设计艺术得到了充分的发展，"平面设计"成为国际设计界认可的术语。

平面设计是一个涉及经济学、信息学、心理学和设计学等领域的创造性视觉艺术学科。它通过二维空间进行表现，通过图形、文字、色彩等元素的编排和设计来进行视觉沟通与信息传达。平面设计师可以利用专业知识和技术来完成创作计划。

1.2 平面设计的应用

目前常见的平面设计应用，可以归纳为广告设计、书籍设计、刊物设计、包装设计、网页设计、标志设计、VI设计、UI设计、H5设计等。

1.2.1 广告设计

现代社会中，信息传递的速度日益加快，传播方式多种多样。广告凭借着各种信息传递媒介充满了人们日常生活的方方面面，已成为社会生活中不可缺少的一部分。与此同时，广告艺术也凭借着异彩纷呈的表现形式、丰富多彩的内容信息及快捷便利的传播条件，强有力地冲击着我们的视听神经。

"广告"的英语译文为"Advertisement"，最早从拉丁文"Adverture"演化而来，其含义是"吸引人注意"。通俗意义上讲，广告即广而告之。不仅如此，广告还同时包含两方面的含义：从广义上讲，广告是指向公众通知某一件事并最终达到广而告之的目的；从狭义上讲，广告主要指营利性的广告，即广告主为了某种特定的需要，通过一定形式的媒介，并消耗一定的费用，公开而广泛地向公众传递某种信息并最终从中获利的宣传手段。

广告设计是指通过图像、文字、色彩、版面、图形等视觉元素，结合广告媒体的使用特征构成的艺术表现形式，是为了实现传达广告目的和意图的艺术创意设计。

平面广告的类别主要包括DM（Direct Mail，快讯商品广告）、POP（Point of Purchase，店头陈设）广告、杂志广告、报纸广告、招贴广告、网络广告和户外广告等。广告设计的效果如图1-1所示。

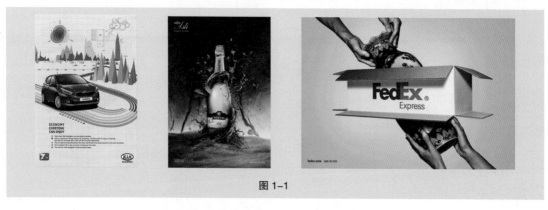

图 1-1

Photoshop+Illustrator 平面设计实战教程（全彩慕课版）

2

1.2.2 书籍设计

书籍是人类思想交流、知识传播、经验宣传、文化积累的重要依托，承载着古今中外的智慧结晶，而书籍设计的艺术领域更是丰富多彩。

书籍设计（Book Design）又称书籍装帧设计，是指书籍的整体策划及造型设计。策划和设计过程包含了印前、印中、印后对书的形态与传达效果的分析。书籍设计的内容很多，包括开本、封面、扉页、字体、版面、插图、护封、纸张、印刷、装订和材料的艺术设计，属于平面设计范畴。

关于书籍的分类，有许多种方法，标准不同，分类也就不同。一般而言，我们按书籍的内容涉及的范围来分类，可分为文学艺术类、少儿动漫类、生活休闲类、人文科学类、科学技术类、经营管理类、医疗教育类等。书籍设计的效果如图1-2所示。

图 1-2

1.2.3 刊物设计

作为定期出版物，刊物是指经过装订、带有封面的期刊，同时刊物也是大众类印刷媒体之一。这种媒体形式最早出现在德国，但在当时，期刊与报纸并无太大区别。随着科技发展和生活水平的不断提高，期刊开始与报纸越来越不一样，其内容也越偏重专题、质量、深度，而非时效性。

期刊的读者群体有其特定性和固定性，所以，期刊媒体对特定的人群更具有针对性，如进行专业性较强的行业信息交流。正是由于这种特点，期刊内容的传播效率相对比较明确。同时，由于期刊大多为月刊和半月刊，注重内容质量的打造，所以比报纸的保存时间要长很多。

在设计期刊时所依据的规格主要是参照其样本和开本进行版面划分，设计的艺术风格、设计元素和设计色彩都要和刊物本身的定位相呼应。由于期刊一般会选用质量较好的纸张进行印刷，所以，图片印刷质量高、细腻光滑、画面图像的印刷工艺精美、还原效果好、视觉形象清晰。

期刊类媒体可分为消费者期刊、专业性期刊、行业性期刊等不同类别，具体又可细分为财经期刊、

IT 期刊、动漫期刊、家居期刊、健康期刊、教育期刊、旅游期刊、美食期刊、汽车期刊、人物期刊、时尚期刊、数码期刊等。刊物设计的效果如图 1-3 所示。

图 1-3

1.2.4　包装设计

　　包装设计是艺术设计与科学技术相结合的设计，是技术、艺术、设计、材料、经济、管理、心理、市场等多功能综合要素的体现，是多学科融会贯通的一门综合学科。

　　广义上说，包装设计是指包装的整体策划工程，其主要内容包括包装方法的设计、包装材料的设计、视觉传达设计、包装机械的设计与应用、包装试验、包装成本的设计及包装的管理等。

　　狭义上说，包装设计是指选用适合商品的包装材料，运用巧妙的制造工艺手段，为商品进行的容器结构功能化设计和形象化视觉造型设计，使之具备整合容纳、保护产品、方便储运、优化形象、传达属性和促进销售之功能。

　　包装设计按商品内容分类，可以分为日用品包装、食品包装、烟酒包装、化妆品包装、医药包装、文体包装、工艺品包装、化学品包装、五金家电包装、纺织品包装、儿童玩具包装、土特产包装等。包装设计的效果如图 1-4 所示。

图 1-4

1.2.5　网页设计

　　网页设计是指根据网站所要表达的主旨，将网站信息进行整合归纳后，进行的版面编排和美化设计。通过网页设计，让网页信息更有条理，页面更具有美感，从而提高网页的信息传达和阅读效率。网页设计者要掌握平面设计的基础理论和设计技巧，熟悉网页配色、网站风格、网页制作技术等网页设计知识，创造出符合项目设计需求的艺术化和人性化的网页。

根据网页的不同属性，可将网页分为商业性网页、综合性网页、娱乐性网页、文化性网页、行业性网页、区域性网页等类型。网页设计的效果如图 1-5 所示。

图 1-5

1.2.6　标志设计

标志是具有象征意义的视觉符号。它借助图形和文字的巧妙设计组合，艺术地传递出某种信息，表达某种特殊的含义。标志设计是指将具体的事物和抽象的精神通过特定的图形和符号固定下来，使人们在看到标志设计的同时，自然地产生联想，从而对企业产生认同。对于一个企业而言，标志渗透到了企业运营的各个环节，如日常经营活动、广告宣传、对外交流、文化建设等。作为企业的无形资产，它的价值随同企业的增值不断累积。

标志按功能分类，可以分为政府标志、机构标志、城市标志、商业标志、纪念标志、文化标志、环境标志、交通标志等。标志设计的效果如图 1-6 所示。

图 1-6

1.2.7　VI 设计

VI（Visual Identity）即企业视觉识别，是指以建立企业的理念识别为基础，将企业理念、企业使命、企业价值观经营概念变为静态的具体识别符号，并进行具体化、视觉化的传播。企业视觉识别具体指通过各种媒体将企业形象广告、标志、产品包装等有计划地传递给社会公众，树立企业整体统一的识别形象。

VI 是 CIS（Corporate Identity System，企业形象识别系统）中项目最多、层面最广、效果最直接的向社会传递信息的部分，最具有传播力和感染力，也最容易被公众所接受，短期内获得的影响也最明显。通过 VI，社会公众可以一目了然地掌握企业的信息，产生认同感，进而达到企业识别的目的。成功的 VI 设计能使企业及产品在市场中获得较强的竞争力。

VI 主要由两大部分组成，即基础识别部分和应用识别部分。其中，基础识别部分主要包括企业标志、标准字体与印刷专用字体、色彩系统、辅助图形、品牌角色（吉祥物）等。应用识别部分包括办公系统、标识系统、广告系统、旗帜系统、服饰系统、交通系统、展示系统等。VI 设计效果如图 1-7 所示。

图 1-7

1.2.8 UI 设计

UI 即 User Interface（用户界面）的简称，UI 设计是指对软件的人机交互、操作逻辑、界面美观的整体设计。

UI 设计从早期的专注于工具的技法型表现，到现在要求 UI 设计师参与到整个商业链条，兼顾商业目标和用户体验，可以看出国内的 UI 设计行业发展是跨越式的。UI 设计从设计风格、技术实现到应用领域都发生了巨大的变化。

UI 设计的风格经历了由拟物化到扁平化设计的转变，现在扁平化风格依然为主流，但加入了 Material Design（材料设计语言，是由 Google 公司推出的全新设计语言），使设计更为醒目、细腻。

UI 设计的应用领域已由原先的 PC 端和移动端扩展到可穿戴设备、无人驾驶汽车、AI 机器人等，更为广阔。今后无论技术如何进步，设计风格如何转变，甚至于应用领域如何不同，UI 设计都将参与到产品设计的整个链条中，实现产品更加人性化、包容化、多元化的目标。UI 设计效果如图 1-8 所示。

图 1-8

1.2.9 H5 设计

H5 指的是移动端上基于 HTML5 技术的交互动态网页，是用于移动互联网的一种新型营销工具，通过移动平台传播。

H5 具有跨平台、多媒体、强互动及易传播的特点。H5 的应用形式多样，常见的应用领域有品牌宣传、产品展示、活动推广、知识分享、新闻热点、会议邀请、企业招聘、培训招生等。

H5 可分为营销宣传、知识新闻、游戏互动及网站应用 4 种类型。H5 设计效果如图 1-9 所示。

图 1-9

1.3 平面设计的要素

平面设计作品主要包括图形、文字及色彩 3 个基本要素，这 3 个要素通过组合构成了一个完整的平面设计作品。每个要素在平面设计作品中都起到了举足轻重的作用，3个要素之间的相互影响和各种不同变化都会使平面设计作品产生更加丰富的视觉效果。

平面设计的要素

1.3.1 图形

通常，人们在欣赏一个平面设计作品的时候，首先注意到的是图片，其次是标题，最后才是正文。如果说标题和正文作为符号化的文字受地域和语言背景限制的话，那么图形信息的传递则不受国家、民族等限制，它是一种通行于世界的语言，具有广泛的传播性。因此，图形的创意、选择直接关系到平面设计的成败。图形的设计也是整个设计内容最直观的体现，它最大限度地表现了作品的主题和内涵（见图 1-10）。

图 1-10

1.3.2　文字

　　文字是最基本的信息传递符号。在平面设计工作中，相对于图形而言，文字的设计安排也占有相当重要的地位，是体现内容传播功能最直接的形式。在平面设计作品中，文字的字体造型和构图编排恰当与否都直接影响到作品的诉求效果和视觉表现力（见图1-11）。

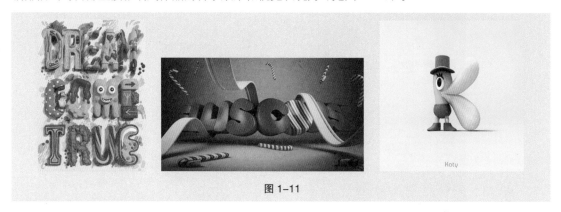

图 1-11

1.3.3　色彩

　　平面设计作品给人的整体感受取决于作品画面的整体色彩。作为平面设计组成的重要因素之一，色彩的色调与搭配受宣传主题、企业形象、推广地域等因素的共同影响。因此，在平面设计中要考虑消费者对颜色的一些固定心理感受及相关的地域文化（见图1-12）。

图 1-12

1.4　平面设计的常用软件

　　目前在平面设计工作中，常用的软件有 Photoshop、Illustator 和 InDesign。这 3 款软件每一款都有鲜明的功能特色。要想根据创意制作出完美的平面设计作品，就需要熟练使用这 3 款软件，并能很好地利用不同软件的优势，将其巧妙地结合使用。

平面设计的常用软件

1.4.1　Photoshop

　　Photoshop 是 Adobe 公司出品的强大的图像处理软件，是集编辑修饰、制作处理、创意编排、图像输入与输出于一体的图形图像处理软件，深受平面设计人员和摄影爱好者的喜爱。随着软件版本的升级，Photoshop 的功能不断完善。Photoshop CC 2019 启动界面如图 1-13 所示。

图 1-13

　　Photoshop 的主要功能包括绘制和编辑选区、绘制与修饰图像、绘制图形及路径、调整图像的色彩和色调、图层的应用、文字的使用、通道和蒙版的使用、滤镜及动作的应用。

　　Photoshop 适合完成的平面设计任务有图像抠像、图像调色、图像特效、文字特效、插图设计等。

1.4.2　Illustrator

　　Illustrator 是 Adobe 公司推出的专业矢量绘图工具，是出版、多媒体和在线图像的工业标准矢量插画软件。Illustrator 的应用人群主要包括印刷出版线稿的设计者和专业插画家、多媒体图像的设计者、网页或在线内容的制作者。Illustrator CC 2019 启动界面如图 1-14 所示。

图 1-14

Illustrator 的主要功能包括图形的绘制和编辑、路径的绘制与编辑、图像对象的组织、颜色填充与描边编辑、文本的编辑、图表的编辑、图层和蒙版的使用、混合与封套效果的使用、滤镜效果的使用、样式外观与效果的使用。

Illustrator 适合完成的平面设计任务包括插图设计、标志设计、字体设计、图表设计、单页设计排版、折页设计排版等。

1.4.3　InDesign

InDesign 是由 Adobe 公司开发的专业排版设计软件，是专业出版方案的新平台。它功能强大、易学易用，能够使用户通过其内置的创意工具和精确的排版控制为打印或数字出版物设计出极具吸引力的页面版式，深受版式编排人员和平面设计师的喜爱，已经成为图文排版领域常用的软件之一。InDesign CC 2019 启动界面如图 1-15 所示。

图 1-15

InDesign 的主要功能包括绘制和编辑图形对象、绘制与编辑路径、编辑描边与填充、编辑文本、处理图像、版式编排、处理表格与图层、页面编排、编辑书籍和目录。

InDesign 适合完成的平面设计任务包括图表设计、单页排版、折页排版、广告设计、报纸设计、杂志设计、书籍设计等。

1.5　平面设计的工作流程

平面设计的工作流程是一个有明确目标、正确理念、负责态度、周密计划、清晰步骤、具体方法的工作过程。好的设计作品都是在完美的工作流程中产生的。平面设计的工作流程如图 1-16 所示。

平面设计的工作流程

1. 信息交流

客户提出设计项目的构想和工作要求，并提供项目相关文本和图片资料，包括公司介绍、项目描述、基本要求等。

图 1-16

2. 调研分析

设计师团队根据客户提出的设计构想和要求，运用客户的相关文本和图片资料，对客户的设计需求进行分析，并对客户同行业或同类型的设计产品进行市场调研。

3. 草稿讨论

根据已经做好的分析和调研，设计师组织设计团队，依据创意构想设计出项目的创意草稿，并制作出样稿，然后拜访客户，双方就设计的草稿内容进行沟通讨论；就双方的设想，根据需要补充的相关资料，达成设计构想上的共识。

4. 签订合同

在双方就设计草稿达成共识后，双方确认设计的具体细节、设计报价和完成时间，双方签订"设计协议书"，客户支付项目预付款，设计工作正式展开。

5. 提案讨论

设计师团队根据前期的市场调研和客户需求，结合双方草稿讨论的意见，开始设计方案的策划、设计和制作工作。设计师一般要完成 3 个设计方案，提交给客户选择；然后拜访客户，与客户开会讨论提案，客户根据提案作品，提出修改建议。

6. 修改完善

根据提案会议的讨论内容和修改意见，设计师团队对客户基本满意的方案进行修改调整，进一步完善整体设计，并提交客户进行确认；等客户再次反馈意见后，设计师再次对客户提出的细节修改进行更细致的调整，使方案顺利完成。

7. 验收完成

在设计项目完成后，设计方和客户一起对完成的设计项目进行验收，并由客户在"设计合格确认书"上签字。客户按协议书的规定支付项目设计余款，设计方将项目制作文件提交给客户，整个设计项目执行完成。

8. 后期制作

在设计项目完成后，客户可能需要设计方进行设计项目的印刷包装等后期制作工作。如果设计方承接了后期制作工作，就需要和客户签订详细的后期制作合同，并执行好后期的制作工作，给客户带来满意的印刷和包装成品。

第 2 章

02

图形图像基础知识

▶ **本章介绍**

　　本章主要介绍图形图像的基础知识，包括位图和矢量图，图像的分辨率、色彩模式和文件格式等内容。通过本章的学习，读者可以快速掌握图形图像的基础知识和操作技巧，以便更好地完成平面设计作品的创意设计与制作。

学习目标

● 了解位图与矢量图的区别。

● 了解图像的分辨率。

● 了解常用的色彩模式和文件格式。

技能目标

● 掌握位图和矢量图的分辨方法。

● 掌握图像颜色模式的转换方法。

● 掌握文件格式的转换方法。

2.1 位图和矢量图

图像文件可以分为两大类：位图和矢量图。在处理图像或绘图过程中，这两种类型的图像可以相互交叉使用。

位图和矢量图

2.1.1 位图

位图也称为点阵图，由许多单独的小方块组成，这些小方块又称为像素点。每个像素点都有其特定的位置和颜色值，位图图像的显示效果与像素点是紧密联系在一起的，不同排列和着色的像素点在一起组成了一幅色彩丰富的图像。像素点越多，图像的分辨率越高，相应地，图像的文件也会越大。

图像的原始效果如图 2-1 所示，使用"放大"工具放大后，可以清晰地看到像素的小方块形状与不同的颜色，效果如图 2-2 所示。

图 2-1   图 2-2

位图与分辨率有关，如果在屏幕上以较大的倍数放大显示图像，或以低于创建时的分辨率打印图像，图像就会出现锯齿状的边缘，并且会丢失细节。

2.1.2 矢量图

矢量图也称为向量图，它是一种基于图形的几何特性来描述的图像。矢量图中的各种图形元素称为对象，每一个对象都是独立的个体，都具有大小、颜色、形状、轮廓等特性。

矢量图与分辨率无关，可以将它缩放到任意大小，其清晰度不变，也不会出现锯齿状的边缘。在任何分辨率下显示或打印，都不会丢失细节。图形的原始效果如图 2-3 所示，使用"放大"工具放大后，其清晰度不变，效果如图 2-4 所示。

图 2-3   图 2-4

矢量图的文件所占容量较少，但这种图形的缺点是不易制作色调丰富的图像，而且绘制出来的图形无法像位图那样精确地描绘各种绚丽的景象。

2.2 分辨率

分辨率是用于描述图像文件信息的术语，分为图像分辨率、屏幕分辨率和输出分辨率。下面将分别进行讲解。

1. 图像分辨率

在 Photoshop 中，图像中每单位长度上的像素数目，称为图像的分辨率，其单位为像素 / 英寸或像素 / 厘米。

在相同尺寸的两幅图像中，高分辨率图像包含的像素比低分辨率图像包含的像素多。例如，一幅尺寸为 1 英寸 ×1 英寸、分辨率为 72 像素 / 英寸的图像包含 5 184 个像素（72×72 = 5 184）；而同样尺寸、分辨率为 300 像素 / 英寸的图像包含 90 000 个像素。相同尺寸下，分辨率为 300 像素 / 英寸的图像效果如图 2-5 所示，分辨率为 72 像素 / 英寸的图像效果如图 2-6 所示。由此可见，在相同尺寸下，高分辨率的图像能更清晰地表现图像。（注：1 英寸 =2.54 厘米。）

| 图 2-5 | 图 2-6 |

提示：

如果一幅图像所包含的像素是固定的，增加图像尺寸后，会降低图像的分辨率。

2. 屏幕分辨率

屏幕分辨率是显示器上每单位长度显示的像素数目。屏幕分辨率取决于显示器的尺寸及其像素设置。PC 显示器的分辨率一般约为 96 像素 / 英寸，Mac 显示器的分辨率一般约为 72 像素 / 英寸。在 Photoshop 中，图像像素被直接转换成屏幕分辨率像素。当图像分辨率高于屏幕分辨率时，屏幕中显示出的图像比实际尺寸大。

3. 输出分辨率

输出分辨率是照排机或打印机等输出设备产生的每英寸的油墨点数（Dots Per Inch，DPI）。打印机的分辨率在 150 dpi 以上的可以使图像获得比较好的效果。

2.3 色彩模式

Photoshop 和 Illustrator 提供了多种色彩模式，这些色彩模式是作品能够在屏幕和印刷品上成功表现的重要保障。在这里重点介绍几种经常使用的色彩模式，即 RGB 模式、CMYK 模式、灰度模式及 Lab 模式。每种色彩模式都有不同的色域，并且各模式之间可以转换。

色彩模式

2.3.1 RGB 模式

RGB 模式是一种加色模式，它通过红、绿、蓝 3 种色光相叠加而形成更多的颜色。RGB 是色光的彩色模式，一幅 24 bit 的 RGB 图像有 3 个色彩信息的通道：红色（R）、绿色（G）和蓝色（B）。

在 Photoshop 中，RGB "颜色" 控制面板如图 2-7 所示，可以在其中设置 RGB 颜色。在 Illustrator 中，"颜色" 控制面板也可以用于设置 RGB 颜色，如图 2-8 所示。

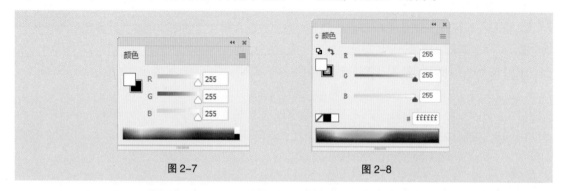

图 2-7   图 2-8

每个通道都有 8 位的色彩信息，即 0 ~ 255 的亮度值色域。也就是说，每一种色彩都有 256 个亮度水平级。3 种色彩相叠加，可以有 256×256×256=16 777 216 种可能的颜色，足以表现出绚丽多彩的世界。

在 Photoshop 中编辑图像时，RGB 色彩模式应是最佳的选择。因为它可以提供全屏幕的多达 24 位的色彩范围，一些计算机领域的色彩专家称之为 "True Color（真彩显示）"。

提示：

一般在视频编辑和设计过程中，使用 RGB 颜色来编辑和处理图像。

在制作过程中，可以随时选择 "图像 > 模式 > CMYK 颜色" 命令，将图像转换成 CMYK 四色印刷模式。但是一定要注意，在图像转换为 CMYK 四色印刷模式后，就无法再变回原来图像的 RGB 色彩了。因为 RGB 的色彩模式在转换成 CMYK 色彩模式时，色域外的颜色会变暗，这样才会使整个色彩成为可以印刷的文件。因此，在将 RGB 模式转换成 CMYK 模式之前，可以选择 "视图 > 校样设置 > 工作中的 CMYK" 命令，预览一下转换成 CMYK 色彩模式时的图像效果，如果不满意，还可以根据需要调整图像。

2.3.2 CMYK 模式

CMYK 代表了印刷上用的 4 种油墨颜色：C 代表青色，M 代表洋红色，Y 代表黄色，K 代表黑色。CMYK 模式在印刷时应用了色彩学中的减色法混合原理，即减色色彩模式，它在图片、插图和其他作品的印刷中最常用。这是因为在印刷中通常都要进行四色分色，出四色胶片，然后再进行印刷。

在 Photoshop 中，CMYK "颜色" 控制面板如图 2-9 所示，可以在其中设置 CMYK 颜色。在 Illustrator 中，"颜色" 控制面板也可以用于设置 CMYK 颜色，如图 2-10 所示。

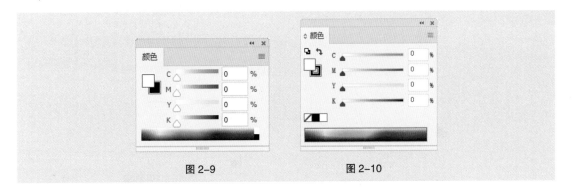

| 图 2-9 | 图 2-10 |

提示:

若作品需要进行印刷,在 Photoshop 中制作平面设计作品时,一般会把图像文件的色彩模式设置为 CMYK 模式。在 Illustrator 中制作平面设计作品时,绘制的矢量图和制作的文字都要使用 CMYK 颜色。

可以在建立新的 Photoshop 图像文件时就选择 CMYK 颜色模式(四色印刷模式),如图 2-11 所示。

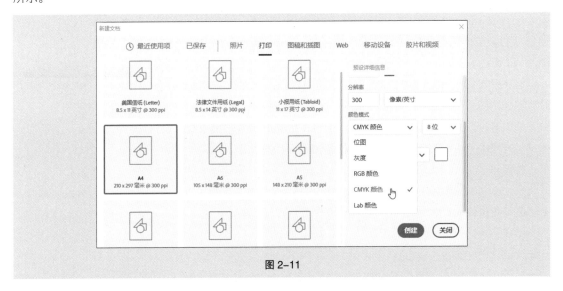

图 2-11

提示:

在新建 Photoshop 文件时,就选择 CMYK 颜色模式。这种方式的优点是可以避免成品的颜色失真,因为在整个作品的制作过程中,所制作的图像都在可印刷的色域中。

2.3.3　灰度模式

灰度模式(灰度图)又称为 8 bit 深度图。每个像素用 8 个二进制位表示,能产生 2^8 即 256 级灰色调。当一个彩色文件被转换为灰度模式文件时,所有的颜色信息都将从文件中丢失。尽管 Photoshop 允许将一个灰度文件转换为彩色模式文件,但不可能将原来的颜色完全还原。所以,当要转换灰度模式时,应先做好图像的备份。

像黑白照片一样,一个灰度模式的图像只有明暗值,没有色相与饱和度这两种颜色信息。在

Photoshop 中,"颜色"控制面板如图 2-12 所示。在 Illustrator 中,也可以通过"颜色"控制面板来设置灰度颜色,如图 2-13 所示。0% 代表白,100% 代表黑,其中的 K 值用于衡量黑色油墨用量。

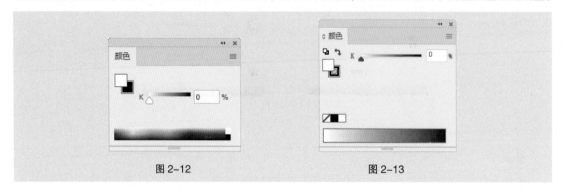

图 2-12   图 2-13

2.3.4　Lab 模式

Lab 是 Photoshop 中的一种国际色彩标准模式,它由 3 个通道组成:一个通道是透明度,即 L;其他两个是色彩通道,即色相与饱和度,用 a 和 b 表示。a 通道包括的颜色值从深绿到灰,再到亮粉红色;b 通道包括的颜色值从亮蓝色到灰,再到焦黄色。Lab"颜色"控制面板如图 2-14 所示。

Lab 模式在理论上包括了人眼可见的所有色彩,它弥补了 CMYK 模式和 RGB 模式的不足。在这种模式下,图像的处理速度比在 CMYK 模式下快数倍,与 RGB 模式的速度相仿。而且在把 Lab 模式转换成 CMYK 模式的过程中,所有的色彩不会丢失或被替换。

图 2-14

提示:

当 Photoshop 将 RGB 模式转换成 CMYK 模式时,可以先将 RGB 模式转换成 Lab 模式,然后再从 Lab 模式转换成 CMYK 模式。这样会减少图片的颜色损失。

2.4　文件格式

平面设计作品制作完成后,就要进行存储。这时,选择一种合适的文件格式就显得十分重要。在 Photoshop 和 Illustrator 中有 20 多种文件格式可供选择。在这些文件格式中,既有 Photoshop 和 Illustrator 的专用格式,也有用于应用程序交换的文件格式,还有一些比较特殊的格式。下面重点讲解几种常用的文件存储格式。

文件格式

1. TIF 格式

TIF(TIFF)是标签图像格式。TIF 格式对于色彩通道图像来说具有很强的可移植性,它可以用于 PC、Macintosh 及 UNIX 工作站三大平台,是这三大平台上使用最广泛的绘图格式。

用 TIF 格式存储时应考虑到文件的大小,因为 TIF 格式的结构要比其他格式更大、更复杂。但 TIF 格式支持 24 个通道,能存储多于 4 个通道的文件格式。TIF 格式还允许使用 Photoshop 中的复杂工具和滤镜特效。

提示：

TIF 格式非常适合于印刷和输出。在 Photoshop 中编辑处理完成的图片文件一般都会存储为 TIF 格式，然后导入到 Illustrator 的平面设计文件中再进行编辑处理。

2. PSD 格式

PSD 格式是 Photoshop 软件自身的专用文件格式，它能够保存图像数据的细小部分，如图层、蒙版、通道等，以及其他 Photoshop 对图像进行特殊处理的信息。在没有最终决定图像存储的格式前，最好先以这种格式存储。另外，Photoshop 打开和存储这种格式的文件较其他格式更快。

3. AI 格式

AI 格式是 Illustrator 软件的专用格式。它的兼容度比较高，可以在 CorelDRAW 中打开，也可以将 CDR 格式的文件导出为 AI 格式。

4. JPEG 格式

JPEG（Joint Photographic Experts Group，联合图片专家组）格式既是 Photoshop 支持的一种文件格式，也是一种压缩方案。它是 Macintosh 上常用的一种存储类型。JPEG 格式是压缩格式中的"佼佼者"，与 TIF 文件格式采用的 LIW 无损压缩相比，它的压缩比例更大。但它使用的是有损压缩，会丢失部分数据。用户可以在存储前选择图像的最后质量，这样就能控制数据的损失程度了。

在 Photoshop 中，有低、中、高和最高 4 种图像压缩品质可供选择。以高质量保存图像比其他质量的保存形式占用更大的磁盘空间；而选择低质量保存图像则会损失较多数据，但占用的磁盘空间较少。

5. EPS 格式

EPS 格式为压缩的 PostScript 格式，是为在 PostScript 打印机上输出图像开发的格式。其最大的优点是在排版软件中可以以低分辨率预览，而在打印时以高分辨率输出。它不支持 Alpha 通道，但可以支持裁切路径。

EPS 格式支持 Photoshop 中所有的颜色模式，可以用来存储点阵图和向量图。在存储点阵图时，还可以将图像的白色像素设置为透明的效果，它在位图模式下也支持透明。

6. PNG 格式

PNG 格式是用于无损压缩和在 Web 上显示图像的文件格式，是 GIF 格式的无专利替代品，它支持 24 位图像且能产生无锯齿状边缘的背景透明度；还支持无 Alpha 通道的 RGB、索引颜色、灰度和位图模式的图像。某些 Web 浏览器不支持 PNG 格式的图像。

第 3 章

03

图标设计

▶ **本章介绍**

　　图标设计是 UI 设计中重要的组成部分，优秀的图标设计可以帮助用户更好地理解产品的功能，营造优质的用户体验。本章以微拟物歌单图标设计为例，讲解图标的设计方法和制作技巧。

图标设计

学习目标

- 了解图标的设计思路和过程。
- 掌握图标的制作方法和技巧。

技能目标

- 掌握微拟物歌单图标的制作方法。
- 掌握微拟物相机图标的制作方法。
- 掌握扁平化家电图标的制作方法。

3.1 微拟物歌单图标设计

【案例学习目标】在 Illustrator 中，学习使用绘图工具、"创建渐变网格"命令和"渐变"工具绘制微拟物歌单图标。

【案例知识要点】在 Illustrator 中，使用"椭圆"工具、"渐变"工具绘制背景，使用"矩形"工具、"直接选择"工具、"渐变"工具、"圆角矩形"工具、"创建渐变网格"命令和"剪切蒙版"命令绘制麦克风。

【效果所在位置】云盘 /Ch03/ 效果 / 微拟物歌单图标设计 .ai。

微拟物歌单图标设计效果如图 3-1 所示。

微拟物歌单
图标设计 1

微拟物歌单
图标设计 2

图 3-1

3.1.1 绘制麦克风拾音器

（1）打开 Illustrator CC 2019，按 Ctrl+N 组合键，弹出"新建文档"对话框。设置文档的宽度为 90 像素，高度为 90 像素，取向为纵向，颜色模式为 RGB。设置完单击"创建"按钮，新建一个文件。

（2）选择"椭圆"工具 ，按住 Shift 键的同时，在页面中绘制一个圆形，如图 3-2 所示。双击"渐变"工具 ，弹出"渐变"控制面板。单击"线性渐变"按钮 ，在色带上设置两个渐变滑块，分别将渐变滑块的位置设为 0、100，并设置 R、G、B 的值分别为 0（254、191、42）、100（254、231、107），其他选项的设置如图 3-3 所示。图形被填充为渐变色，设置描边色为无，效果如图 3-4 所示。

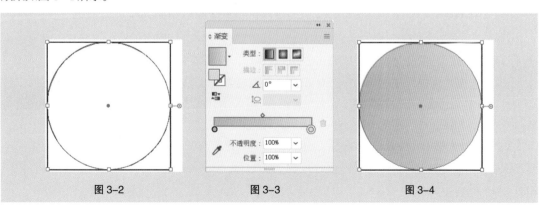

图 3-2   图 3-3   图 3-4

（3）选择"矩形"工具 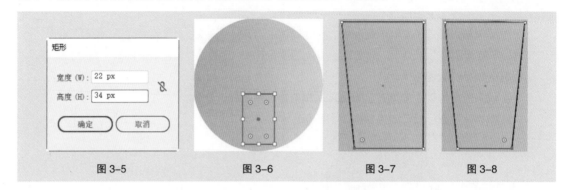（图标），在页面中单击鼠标左键，弹出"矩形"对话框。选项的设置如图 3-5 所示，单击"确定"按钮，页面中出现一个矩形。选择"选择"工具 （图标），拖曳矩形到适当的位置，效果如图 3-6 所示。

（4）选择"直接选择"工具 （图标），选取左下角的锚点，并向右拖曳锚点到适当的位置，效果如图 3-7 所示。用相同的方法调整右下角的锚点，效果如图 3-8 所示。

图 3-5　　　　　　　图 3-6　　　　　　　图 3-7　　　　　　　图 3-8

（5）选择"选择"工具 （图标），选取图形，双击"渐变"工具 （图标），弹出"渐变"控制面板。单击"线性渐变"按钮 （图标），在色带上设置两个渐变滑块，分别将渐变滑块的位置设为 0、100，并设置 R、G、B 的值分别为 0（254、98、42）、100（254、55、42），其他选项的设置如图 3-9 所示。图形被填充为渐变色，设置描边色为无，效果如图 3-10 所示。

（6）选择"椭圆"工具 （图标），按住 Shift 键的同时，在适当的位置绘制一个圆形，效果如图 3-11 所示。选择"选择"工具 （图标），按住 Alt+Shift 组合键的同时，垂直向上拖曳圆形到适当的位置，复制圆形，效果如图 3-12 所示。

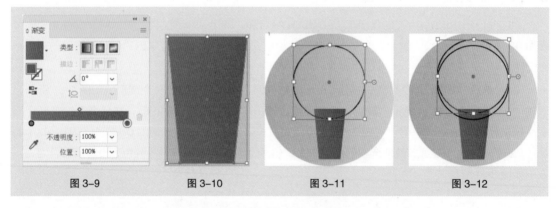

图 3-9　　　　　　　图 3-10　　　　　　　图 3-11　　　　　　　图 3-12

（7）选取第一个圆形，填充图形为黑色，并设置描边色为无，效果如图 3-13 所示。在属性栏中将"不透明度"选项设为 35%，按 Enter 键确定操作，效果如图 3-14 所示。

（8）选择"选择"工具 （图标），选取下方红色渐变图形，按 Ctrl+C 组合键，复制图形，按 Shift+Ctrl+V 组合键，就地粘贴图形，效果如图 3-15 所示。按住 Shift 键的同时，单击透明图形将其同时选取，如图 3-16 所示，按 Ctrl+7 组合键，建立剪切蒙版，效果如图 3-17 所示。

（9）选取大圆形，按 Shift+Ctrl+] 组合键，将其置于顶层，效果如图 3-18 所示。设置图形填充色为浅黄色（其 R、G、B 的值分别为 254、183、28），填充图形，并设置描边色为无，效果如图 3-19 所示。

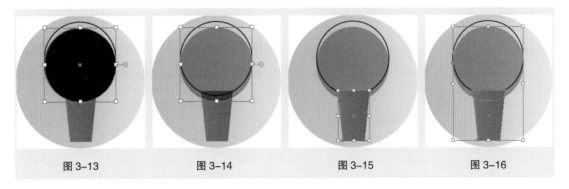

图 3-13　　　　　　图 3-14　　　　　　图 3-15　　　　　　图 3-16

（10）选择"对象 > 创建渐变网格"命令，在弹出的"创建渐变网格"对话框中进行设置，如图 3-20 所示。设置完单击"确定"按钮，效果如图 3-21 所示。

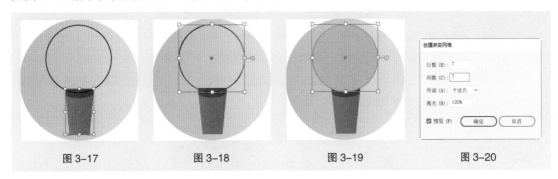

图 3-17　　　　　　图 3-18　　　　　　图 3-19　　　　　　图 3-20

（11）选择"直接选择"工具 ，按住 Shift 键的同时，选中网格中的锚点，如图 3-22 所示。设置填充色为米白色（其 R、G、B 的值分别为 254、246、234），填充锚点，效果如图 3-23 所示。用相同的方法分别选中网格中的其他锚点，填充相应的颜色，效果如图 3-24 所示。

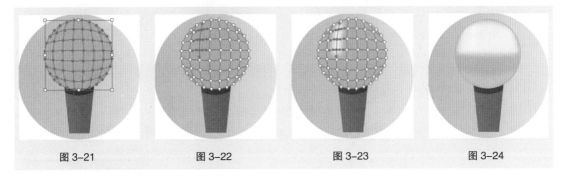

图 3-21　　　　　　图 3-22　　　　　　图 3-23　　　　　　图 3-24

3.1.2　绘制麦克风开关按钮

（1）选择"圆角矩形"工具 ，在页面中单击鼠标左键，弹出"圆角矩形"对话框。选项的设置如图 3-25 所示，单击"确定"按钮，页面中出现一个圆角矩形。选择"选择"工具 ，拖曳圆角矩形到适当的位置，效果如图 3-26 所示。

（2）双击"渐变"工具 ，弹出"渐变"控制面板。单击"线性渐变"按钮 ，在色带上设置两个渐变滑块，分别将渐变滑块的位置设为 0、100，并设置 R、G、B 的值分别为 0（255、255、75）、100（255、128、0），其他选项的设置如图 3-27 所示。图形被填充为渐变色，设置描边色为无，效果如图 3-28 所示。

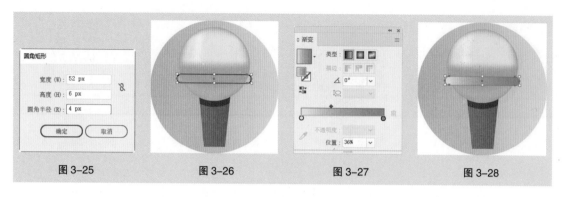

图 3-25   图 3-26   图 3-27   图 3-28

（3）选择"圆角矩形"工具 ▢ ，在页面中单击鼠标左键，弹出"圆角矩形"对话框，选项的设置如图 3-29 所示。单击"确定"按钮，页面中出现一个圆角矩形。选择"选择"工具 ▶ ，拖曳圆角矩形到适当的位置，填充图形为黑色，并设置描边色为无，效果如图 3-30 所示。

（4）按 Ctrl+C 组合键，复制图形，按 Ctrl+F 组合键，将复制的图形贴在前面。向上拖曳圆角矩形下方中间的控制手柄到适当的位置，调整其大小，效果如图 3-31 所示。

（5）选择"选择"工具 ▶ ，按住 Shift 键的同时，依次单击将所绘制的图形同时选取，按 Ctrl+G 组合键，将其编组，效果如图 3-32 所示。

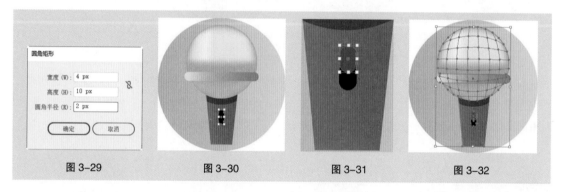

图 3-29   图 3-30   图 3-31   图 3-32

（6）选择"窗口 > 变换"命令，弹出"变换"控制面板。将"旋转"选项设为 45°，如图 3-33 所示。按 Enter 键确定操作，效果如图 3-34 所示。

（7）选择"选择"工具 ▶ ，拖曳编组图形到适当的位置，效果如图 3-35 所示。选取下方黄色渐变图形，按 Ctrl+C 组合键，复制图形，按 Shift+Ctrl+V 组合键，就地粘贴图形，效果如图 3-36 所示。

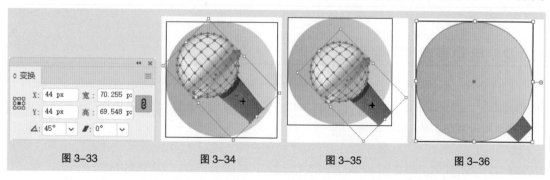

图 3-33   图 3-34   图 3-35   图 3-36

（8）按住 Shift 键的同时，单击编组图形将其同时选取，如图 3-37 所示。按 Ctrl+7 组合键，建立剪切蒙版，效果如图 3-38 所示。微拟物歌单图标绘制完成，效果如图 3-39 所示。

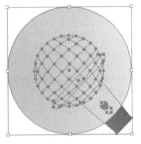

图 3-37

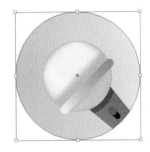
图 3-38

图 3-39

3.2 课堂练习——微拟物相机图标设计

【练习知识要点】在 Photoshop 中,使用"圆角矩形"工具、"矩形"工具、"椭圆"工具、"直线工具"和"添加图层样式"按钮绘制相机图标。

【效果所在位置】云盘 /Ch03/ 效果 / 微拟物相机图标设计 .psd。

微拟物相机图标设计效果如图 3-40 所示。

微拟物相机图标设计 1

微拟物相机图标设计 2

图 3-40

3.3 课后习题——扁平化家电图标设计

【习题知识要点】在 Illustrator 中,使用"圆角矩形"工具、"描边"控制面板、"椭圆"工具、"矩形工具"和"变换"控制面板绘制洗衣机外形和功能按钮,使用"椭圆"工具、"直线段"工具和"描边"控制面板绘制洗衣机滚筒。

【效果所在位置】云盘 /Ch03/ 效果 / 扁平化家电图标设计 .ai。

扁平化家电图标设计效果如图 3-41 所示。

扁平化家电图标设计

图 3-41

第4章
标志设计

▶ 本章介绍

标志，是一种传达事物特征的特定视觉符号，它代表着企业的形象和文化。在企业视觉战略推广中，标志起着举足轻重的作用。本章以盛发游戏标志设计为例，讲解标志的设计方法和制作技巧。

标志设计

学习目标

● 了解标志的设计思路和过程。
● 掌握标志的制作方法和技巧。

技能目标

● 掌握盛发游戏标志的制作方法。
● 掌握伯仑酒店标志的制作方法。
● 掌握天鸿达科技标志的制作方法。

4.1 盛发游戏标志设计

【案例学习目标】在 Illustrator 中，学习使用绘图工具、"路径查找器"控制面板和"填充"工具绘制标志图形；在 Photoshop 中，学习使用"置入嵌入对象"命令、"添加图层样式"按钮制作标志立体效果。

【案例知识要点】在 Illustrator 中，使用"钢笔"工具、"椭圆"工具、"联集"按钮绘制卡通脸型，使用"椭圆"工具、"矩形"工具、"圆角矩形"工具、"旋转"工具和"多边形"工具绘制游戏手柄，使用"文字"工具、"字符"控制面板添加标准字；在 Photoshop 中，使用"图案叠加"命令添加背景底纹；使用"置入嵌入对象"命令添加标志图形、使用"斜面和浮雕"命令、"投影"命令为标志图形添加立体效果。

【效果所在位置】云盘 /Ch04/ 效果 / 盛发游戏标志设计 / 盛发游戏标志 .ai、盛发游戏标志立体效果 .psd。

盛发游戏标志设计效果如图 4-1 所示。

盛发游戏标志
设计 1

盛发游戏标志
设计 2

图 4-1

4.1.1 制作标志

（1）打开 Illustrator CC 2019，按 Ctrl+N 组合键，弹出"新建文档"对话框。设置文档的宽度为 210 mm，高度为 297 mm，取向为纵向，出血为 3 mm，颜色模式为 CMYK。设置完单击"创建"按钮，新建一个文件。

（2）选择"钢笔"工具 🖊，在页面中绘制一个不规则图形，如图 4-2 所示。选择"椭圆"工具 ⬭，在页面中分别绘制 3 个椭圆形，如图 4-3 所示。

图 4-2

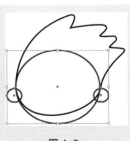

图 4-3

（3）选择"选择"工具 ▶，用框选的方法将所绘制的图形同时选取。选择"窗口 > 路径查找器"命令，弹出"路径查找器"控制面板。单击"联集"按钮 ⬛，如图 4-4 所示，生成新的对象如图 4-5 所示。设置填充色为蓝色（其 C、M、Y、K 值分别为 100、30、0、0），填充图形，并设置描边色为无，效果如图 4-6 所示。

（4）选择"椭圆"工具 ⬤，按住 Shift 键的同时，在适当的位置绘制一个圆形，如图 4-7 所示。填充图形为白色，并设置描边色为无，效果如图 4-8 所示。

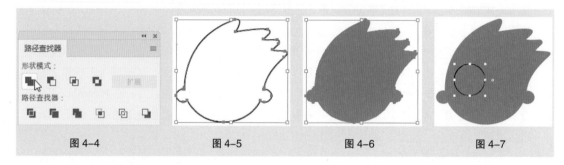

图 4-4　　　　　　　　图 4-5　　　　　　　　图 4-6　　　　　　　　图 4-7

（5）选择"选择"工具 ▶，按住 Alt+Shift 键的同时，水平向右拖曳圆形到适当的位置，复制圆形，效果如图 4-9 所示。

（6）选择"矩形"工具 ▢，在适当的位置绘制一个矩形，如图 4-10 所示。填充图形为白色，并设置描边色为无，效果如图 4-11 所示。

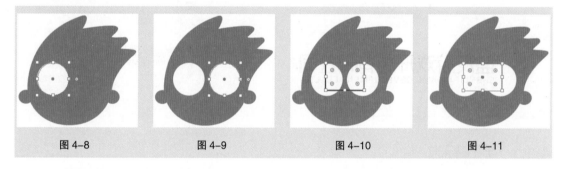

图 4-8　　　　　　　　图 4-9　　　　　　　　图 4-10　　　　　　　　图 4-11

（7）选择"选择"工具 ▶，按住 Shift 键的同时，将矩形和两个圆形同时选取，在"路径查找器"控制面板中，单击"联集"按钮 ⬛，生成新的对象，效果如图 4-12 所示。

（8）选择"钢笔"工具 ✒，在适当的位置绘制一个不规则图形，如图 4-13 所示。填充图形为白色，并设置描边色为无，效果如图 4-14 所示。

图 4-12　　　　　　　　图 4-13　　　　　　　　图 4-14

（9）选择"文字"工具 Ｔ，在页面外输入需要的文字。选择"选择"工具 ▶，在属性栏中选择合适的字体并设置文字大小，效果如图 4-15 所示。

（10）双击"旋转"工具 ⟳，在弹出的"旋转"对话框中进行设置，如图 4-16 所示，设置完单击"确定"按钮，旋转文字。选择"选择"工具 ▶，填充文字为白色，并将其拖曳到页面中适当的位置，效果如图 4-17 所示。

（11）选择"文字 > 创建轮廓"命令，将文字转换为轮廓路径。用框选的方法将所有图形和文字同时选取，选择"对象 > 复合路径 > 建立"命令，建立复合路径，效果如图 4-18 所示。

| 图 4-15 | 图 4-16 | 图 4-17 | 图 4-18 |

（12）选择"圆角矩形"工具 ▢，在页面中单击鼠标，弹出"圆角矩形"对话框。选项的设置如图 4-19 所示。单击"确定"按钮，页面中出现一个圆角矩形。选择"选择"工具 ▶，拖曳圆角矩形到适当的位置，效果如图 4-20 所示。设置填充色为蓝色（其 C、M、Y、K 值分别为 100、30、0、0），填充图形，并设置描边色为无，效果如图 4-21 所示。

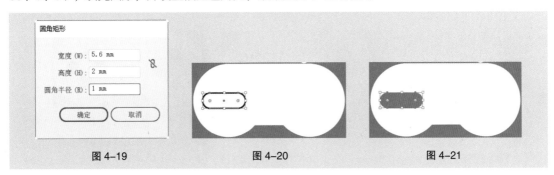

| 图 4-19 | 图 4-20 | 图 4-21 |

（13）双击"旋转"工具 ⟳，在弹出的"旋转"对话框中进行设置，如图 4-22 所示。设置完单击"复制"按钮，效果如图 4-23 所示。

（14）选择"矩形"工具 ▢，在适当的位置绘制一个矩形。设置填充色为蓝色（其 C、M、Y、K 值分别为 100、30、0、0），填充图形，并设置描边色为无，效果如图 4-24 所示。

| 图 4-22 | 图 4-23 | 图 4-24 |

（15）选择"椭圆"工具 ⬭，按住 Shift 键的同时，在适当的位置绘制一个圆形。设置填充色

为蓝色（其C、M、Y、K值分别为100、30、0、0），填充图形，并设置描边色为无，效果如图4-25所示。

（16）选择"选择"工具 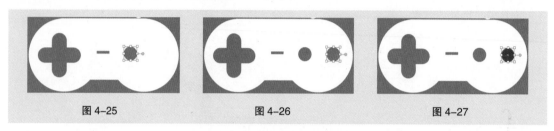，按住Alt+Shift组合键的同时，水平向右拖曳圆形到适当的位置，复制图形，效果如图4-26所示。设置填充色为红色（其C、M、Y、K值分别为0、100、100、0），填充图形，并设置描边色为无，效果如图4-27所示。

图4-25　　　　　　　　　图4-26　　　　　　　　　图4-27

（17）选择"多边形"工具，在页面中单击鼠标左键，弹出"多边形"对话框，在对话框中进行设置，如图4-28所示。设置完单击"确定"按钮，页面中出现一个三角形。选择"选择"工具，拖曳三角形到适当的位置，设置填充色为黄色（其C、M、Y、K值分别为0、20、100、0），填充图形，并设置描边色为无，效果如图4-29所示。

（18）选择"矩形"工具，按住Shift键的同时，绘制一个正方形。设置填充色为绿色（其C、M、Y、K值分别为75、0、100、0），填充图形，并设置描边色为无，效果如图4-30所示。

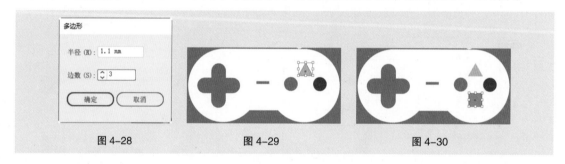

图4-28　　　　　　　　　图4-29　　　　　　　　　图4-30

（19）选择"多边形"工具，在页面中单击鼠标左键，弹出"多边形"对话框。在对话框中进行设置，如图4-31所示。设置完单击"确定"按钮，页面中出现一个多边形。选择"选择"工具，拖曳多边形到适当的位置，效果如图4-32所示。

（20）在属性栏中将"描边粗细"选项设置为2pt，按Enter键确定操作，效果如图4-33所示。设置描边色为蓝色（其C、M、Y、K值分别为100、30、0、0），填充描边，效果如图4-34所示。

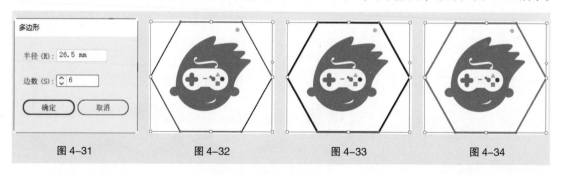

图4-31　　　　　　　　　图4-32　　　　　　　　　图4-33　　　　　　　　　图4-34

（21）选择"窗口>变换"命令，弹出"变换"控制面板。在"多边形属性："选项组中，将"圆角半径"选项设为4mm，其他选项的设置如图4-35所示。按Enter键确定操作，效果如图4-36所示。

选择"对象 > 路径 > 轮廓化描边"命令，创建对象的描边轮廓，效果如图 4-37 所示。

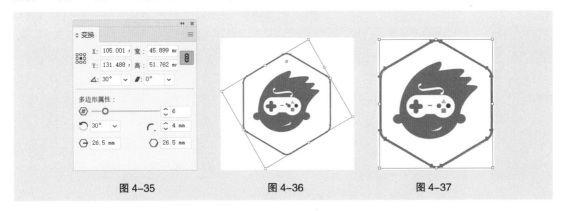

图 4-35　　　　　　　　　　图 4-36　　　　　　　　　　图 4-37

（22）选择"文字"工具 **T**，在页面中输入需要的文字。选择"选择"工具 ▶，在属性栏中分别选择合适的字体并设置文字大小，效果如图 4-38 所示。

（23）选择下方的英文，按 Ctrl+T 组合键，弹出"字符"控制面板。将"设置所选字符的字距调整" **VA** 选项设为 90，其他选项的设置如图 4-39 所示。按 Enter 键确定操作，效果如图 4-40 所示。

图 4-38　　　　　　　　　　图 4-39　　　　　　　　　　图 4-40

（24）盛发游戏标志设计完成。按 Ctrl+S 组合键，弹出"存储为"对话框，将其命名为"盛发游戏标志"，保存为 AI 格式，单击"保存"按钮，将文件保存。

4.1.2　制作标志立体效果

（1）打开 Photoshop CC 2019，按 Ctrl+N 组合键，弹出"新建文档"对话框。设置宽度为 20 cm，高度为 12 cm，分辨率为 150 像素 / 英寸，颜色模式为 RGB，背景内容为白色。设置完单击"创建"按钮，新建一个文件。

（2）新建图层并将其命名为"底纹"。按 D 键，恢复默认前景色和背景色。按 Ctrl+Delete 组合键，用背景色填充"底纹"图层。

（3）单击"图层"控制面板下方的"添加图层样式"按钮 fx.，在弹出的菜单中选择"图案叠加"命令，弹出"图层样式"对话框。单击"图案"选项右侧的按钮⌄，在弹出的面板中选择"灰色花岗岩花纹纸"图案，如图 4-41 所示。单击"确定"按钮，效果如图 4-42 所示。

（4）选择"文件 > 置入嵌入对象"命令，弹出"置入嵌入的对象"对话框。选择云盘中的"Ch04 > 效果 > 盛发游戏标志设计 > 盛发游戏标志 .ai"文件，单击"置入"按钮，将图片置入图像窗口中，并将其拖曳到适当的位置，按 Enter 键确定操作。效果如图 4-43 所示，在"图层"控制面板中生成新的图层。

图 4-41

图 4-42

（5）单击"图层"控制面板下方的"添加图层样式"按钮 fx，在弹出的菜单中选择"斜面和浮雕"命令，在弹出的"层图样式"对话框中进行设置，如图 4-44 所示。单击"光泽等高线"选项右侧的按钮，在弹出的面板中选择"画圆步骤"等高线，如图 4-45 所示。选择"投影"选项，切换到相应的面板中进行设置，如图 4-46 所示，单击"确定"按钮，效果如图 4-47 所示。盛发游戏标志立体效果制作完成。

图 4-43

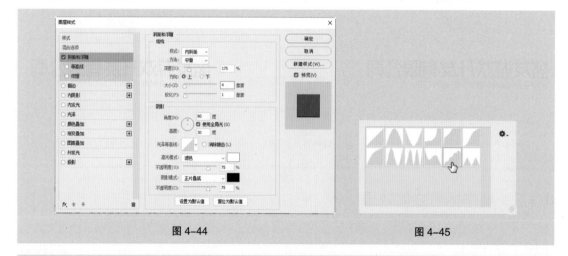

图 4-44

图 4-45

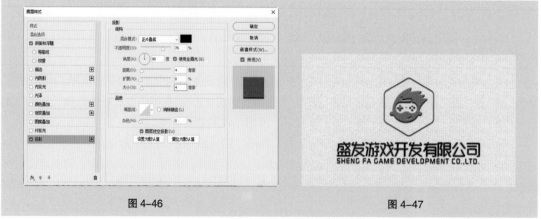

图 4-46

图 4-47

（6）按 Ctrl+S 组合键，弹出"另存为"对话框，将其命名为"盛发游戏标志立体效果"，保存为 PSD 格式，单击"保存"按钮，将图像保存。

4.2 课堂练习——伯仑酒店标志设计

【练习知识要点】在 Illustrator 中，使用"钢笔"工具、"矩形"工具、"路径查找器"控制面板、"椭圆"工具、"填充"工具和"文字"工具制作标志；在 Photoshop 中，使用"创建新的填充或调整图层"按钮、"渐变"工具添加背景底纹，使用"置入嵌入对象"命令、"添加图层样式"按钮制作标志立体效果。

【效果所在位置】云盘 /Ch04/ 效果 / 伯仑酒店标志设计 / 伯仑酒店标志 .ai、伯仑酒店标志立体效果 .psd。

伯仑酒店标志设计效果如图 4-48 所示。

图 4-48

4.3 课后习题——天鸿达科技标志设计

【习题知识要点】在 Illustrator 中，使用"矩形"工具、"直接选择"工具、"填充"工具和"路径查找器"控制面板制作标志图形，使用"文字"工具、"字符"控制面板添加标准字；在 Photoshop 中，使用"创建新的填充或调整图层"按钮添加背景底纹，使用"置入嵌入对象"命令、"添加图层样式"按钮制作标志立体效果。

【效果所在位置】云盘 /Ch04/ 效果 / 天鸿达科技标志设计 / 天鸿达科技标志 .ai、天鸿达科技标志立体效果 .psd。

天鸿达科技标志设计效果如图 4-49 所示。

图 4-49

第5章

卡片设计

▶ **本章介绍**

    卡片，是人们增进交流的一种载体，用于传递信息、交流情感。卡片的种类繁多，有邀请卡、祝福卡、生日卡、中秋卡、新年贺卡等。本章以音乐会门票的设计为例，讲解卡片的设计方法和制作技巧。

卡片设计

学习目标

- 了解卡片的设计思路和过程。
- 掌握卡片的制作方法和技巧。

技能目标

- 掌握音乐会门票的制作方法。
- 掌握产品宣传卡的制作方法。
- 掌握礼券的制作方法。

5.1 音乐会门票设计

【案例学习目标】在 Photoshop 中，学习使用"图层"控制面板、"添加杂色"命令、"色相 / 饱和度"命令和"添加图层样式"按钮制作背景效果。在 Illustrator 中，学习使用"文字"工具、"字符"控制面板、"矩形"工具、"直线段"工具制作门票信息和副券。

【案例知识要点】在 Photoshop 中，使用"新建参考线版面"命令创建参考线，使用"添加杂色"命令和"矩形选框"工具绘制背景，使用"图层"控制面板和"画笔"工具制作图片融合效果，使用"色相 / 饱和度"命令调整图片色调，使用"直线"工具和"添加图层样式"面板制作立体线条；在 Illustrator 中，使用"置入"命令添加背景底图，使用"文本"工具、"字符"控制面板添加门票和副券信息，使用"直线段"工具和"描边"控制面板添加区隔线。

【效果所在位置】云盘 /Ch05/ 效果 / 音乐会门票设计 / 音乐会门票 .ai。

音乐会门票设计效果如图 5-1 所示。

图 5-1

5.1.1 制作背景效果

（1）打开 Photoshop CC 2019，按 Ctrl+N 组合键，弹出"新建文档"对话框。设置宽度为15.24 cm，高度为 5.72 cm，分辨率为 300 像素 / 英寸，颜色模式为 CMYK，背景内容为白色，单击"创建"按钮，新建一个文件。

（2）选择"视图 > 新建参考线版面"命令，弹出"新建参考线版面"对话框，设置如图 5-2所示。设置完单击"确定"按钮，完成版面参考线的创建，如图 5-3 所示。

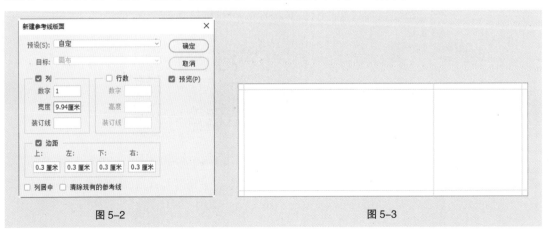

图 5-2   图 5-3

（3）选择"滤镜 > 杂色 > 添加杂色"命令，在弹出的"添加杂色"对话框中进行设置，如图 5-4 所示。设置完单击"确定"按钮，效果如图 5-5 所示。

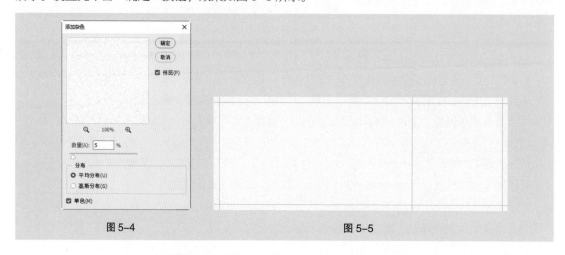

图 5-4　　　　　　　　　　　　　　　图 5-5

（4）选择"矩形"工具 ⬚，在属性栏中将"填充"颜色设为浅棕色（其 R、G、B 的值分别为 204、177、162），"描边"颜色设为无，在图像窗口中绘制一个矩形，效果如图 5-6 所示。在"图层"控制面板中生成新的形状图层"矩形 1"。

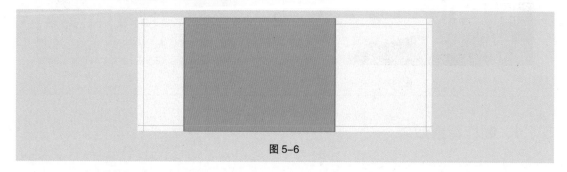

图 5-6

（5）在"图层"控制面板上方，将"矩形 1"形状图层的"不透明度"选项设为 10%，如图 5-7 所示，按 Enter 键确定操作，效果如图 5-8 所示。

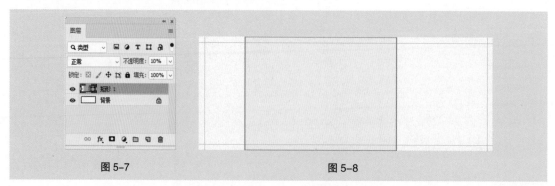

图 5-7　　　　　　　　　　　　　　　图 5-8

（6）按 Ctrl+O 组合键，打开云盘中的"Ch05 > 素材 > 音乐会门票设计 > 01 ~ 03"文件。选择"移动"工具 ✥，分别将图片拖曳到新建图像窗口中适当的位置，并调整其大小，效果如图 5-9 所示。在"图层"控制面板中分别生成新的图层并将其命名为"墨色 1""墨色 2"和"颜色"，如图 5-10 所示。

图 5-9   图 5-10

（7）在"图层"控制面板上方，将"颜色"图层的混合模式选项设为"变亮"，如图 5-11 所示。图像效果如图 5-12 所示。

图 5-11   图 5-12

（8）单击"图层"控制面板下方的"添加图层蒙版"按钮，为"颜色"图层添加图层蒙版，如图 5-13 所示。将前景色设为黑色。选择"画笔"工具，在属性栏中单击"画笔预设"选项右侧的按钮，在弹出的面板中选择需要的画笔形状，如图 5-14 所示。在图像窗口中拖曳光标擦除不需要的图像，效果如图 5-15 所示。

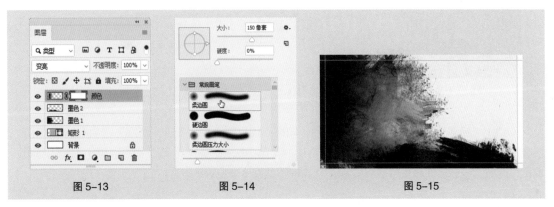

图 5-13   图 5-14   图 5-15

（9）单击"图层"控制面板下方的"创建新的填充或调整图层"按钮，在弹出的菜单中选择"色相/饱和度"命令，在"图层"控制面板中生成"色相/饱和度 1"图层，同时弹出"色相/饱和度"面板。单击"此调整影响下面的所有图层"按钮使其显示为"此调整剪切到此图层"

按钮 ，其他选项的设置如图 5-16 所示。按 Enter 键确定操作，图像效果如图 5-17 所示。

（10）按 Ctrl+O 组合键，打开云盘中的"Ch05 > 素材 > 音乐会门票设计 > 04"文件。选择"移动"工具 ，将图片拖曳到新建图像窗口中适当的位置，并调整其大小，效果如图 5-18 所示。在"图层"控制面板中生成新的图层并将其命名为"人物剪影"。

图 5-16　　　　　　　　　图 5-17　　　　　　　　　图 5-18

（11）新建图层并将其命名为"线"。选择"直线"工具 ，在属性栏的"选择工具模式"选项中选择"像素"，将"粗细"选项设为 4 像素，在图像窗口中适当的位置绘制多条直线，效果如图 5-19 所示。

（12）单击"图层"控制面板下方的"添加图层样式"按钮 fx，在弹出的菜单中选择"斜面和浮雕"命令，在弹出的"图层样式"对话框中进行设置，如图 5-20 所示。

图 5-19　　　　　　　　　　　　　　　图 5-20

（13）选择对话框左侧的"纹理"选项，切换到相应的面板。单击"图案"选项右侧的按钮 ，在弹出的面板中单击右上方的按钮 ，在弹出的菜单中选择"艺术表面"命令，弹出提示对话框，单击"追加"按钮。在面板中选择"纱布"纹理，如图 5-21 所示。返回到"图层样式"对话框，其他选项的设置如图 5-22 所示。

（14）选择对话框左侧的"渐变叠加"选项，切换到相应的面板。单击"渐变"选项右侧的"点按可编辑渐变"按钮 ，弹出"渐变编辑器"对话框。将渐变色设为从黑色到白色，单击"确定"按钮。返回到"图层样式"对话框，其他选项的设置如图 5-23 所示。单击"确定"按钮，效果如图 5-24 所示。

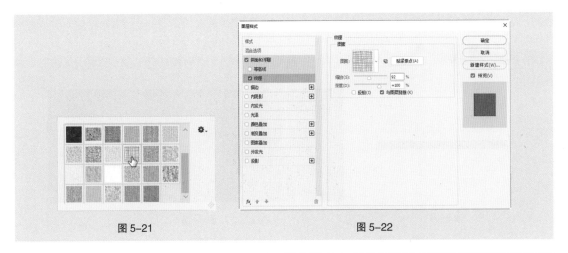

图 5-21   图 5-22

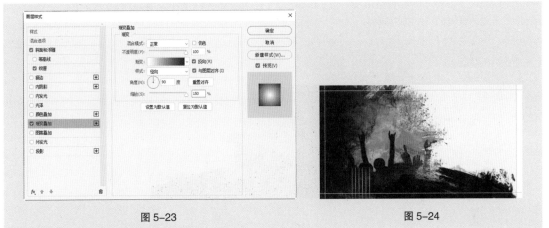

图 5-23   图 5-24

（15）选择"移动"工具 ✛，按住 Alt+Shift 组合键的同时，垂直向上拖曳线条到适当的位置，复制线条，效果如图 5-25 所示。在"图层"控制面板中生成新的图层"线 拷贝"。

（16）单击"图层"控制面板下方的"创建新的填充或调整图层"按钮 ◐，在弹出的菜单中选择"渐变映射"命令，在"图层"控制面板中生成"渐变映射 1"图层，同时弹出"渐变映射"面板，如图 5-26 所示。单击"点按可编辑渐变"按钮 ▮▮▮▮▮▮ ，弹出"渐变编辑器"对话框，在"预设"选项中选择"紫，橙渐变"，如图 5-27 所示。单击"确定"按钮，图像效果如图 5-28 所示。

图 5-25   图 5-26

图 5-27   图 5-28

（17）在"图层"控制面板上方，将"渐变映射 1"图层的混合模式选项设为"叠加"，如图 5-29 所示。图像效果如图 5-30 所示。

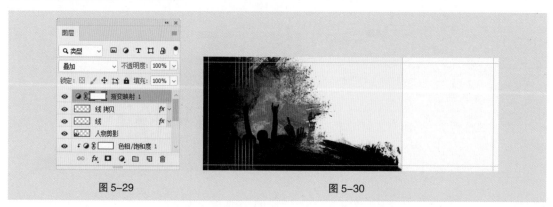

图 5-29   图 5-30

（18）按 Shift+Ctrl+E 组合键，合并可见图层。按 Ctrl+S 组合键，弹出"另存为"对话框，将合并后的图层命名为"音乐会门票背景"，保存为 JPEG 格式，单击"保存"按钮，弹出"JPEG 选项"对话框，单击"确定"按钮，将图像保存。

5.1.2　添加门票信息

（1）打开 Illustrator CC 2019，按 Ctrl+N 组合键，弹出"新建文档"对话框。设置文档的宽度为 146.4 mm，高度为 51.2 mm，取向为横向，出血为 3 mm，颜色模式为 CMYK，设置完单击"创建"按钮，新建一个文件。

（2）选择"文件 > 置入"命令，弹出"置入"对话框。选择云盘中的"Ch05 > 效果 > 音乐会门票设计 > 音乐会门票背景 .jpg"文件，单击"置入"按钮，在页面中单击置入图片。单击属性栏中的"嵌入"按钮，嵌入图片。选择"选择"工具 ▶，拖曳图片到适当的位置，效果如图 5-31 所示。按 Ctrl+2 组合键，锁定所选对象。

（3）选择"文字"工具 T，在页面中分别输入需要的文字。选择"选择"工具 ▶，在属性栏中分别选择合适的字体并设置文字大小，填充文字为白色，效果如图 5-32 所示。

（4）选取文字"热爱摇滚与歌唱"，按 Ctrl+T 组合键，弹出"字符"控制面板。将"设置所选字符的字距调整"VA 选项设为 700，其他选项的设置如图 5-33 所示。按 Enter 键确定操作，效果

如图 5-34 所示。设置填充色为黄色（其 C、M、Y、K 的值分别为 0、0、45、0），填充文字，效果如图 5-35 所示。

图 5-31　　　　　　　　　　　　　图 5-32

图 5-33　　　　　　　　　图 5-34　　　　　　　　图 5-35

（5）选取文字"摇滚的年代"，在"字符"控制面板中将"水平缩放" 选项设为 88%，其他选项的设置如图 5-36 所示。按 Enter 键确定操作，效果如图 5-37 所示。

图 5-36　　　　　　　　　　　　图 5-37

（6）选取文字"一起感受精彩与震撼"，在"字符"控制面板中将"设置所选字符的字距调整" 选项设为 1230，其他选项的设置如图 5-38 所示。按 Enter 键确定操作，效果如图 5-39 所示。

（7）选择"文字"工具 ，分别选取文字"一起""与"，设置填充色为橘黄色（其 C、M、Y、K 的值分别为 0、50、100、0），填充文字，效果如图 5-40 所示。

图 5-38　　　　　　　　图 5-39　　　　　　　　图 5-40

（8）选择"文字"工具 $\boxed{T}$ ，在适当的位置分别输入需要的文字。选择"选择"工具 $\boxed{\blacktriangleright}$ ，在属性栏中选择合适的字体并设置文字大小，填充文字为白色，效果如图5-41所示。选择"文字"工具 $\boxed{T}$ ，选取文字"11月11日"，在属性栏中选择合适的字体，效果如图5-42所示。

图 5-41　　　　　　　　　　　图 5-42

（9）选取数字"80"，在属性栏中选择合适的字体，效果如图5-43所示。用相同的方法分别输入其他文字，并填充相应的颜色，效果如图5-44所示。

图 5-43　　　　　　　　　　　图 5-44

（10）选择"矩形"工具 $\boxed{\blacksquare}$ ，在适当的位置绘制一个矩形，设置填充色为灰紫色（其C、M、Y、K的值分别为60、60、46、0），填充图形，并设置描边色为无，效果如图5-45所示。

（11）选择"直接选择"工具 $\boxed{\blacktriangleright}$ ，选中并向上拖曳右下角的锚点到适当的位置，效果如图5-46所示。用相同的方法绘制箭头形状，效果如图5-47所示。

图 5-45　　　　　　　图 5-46　　　　　　　图 5-47

5.1.3　制作副券

（1）选择"直线段"工具 $\boxed{/}$ ，在适当的位置绘制一条竖线，并在属性栏中将"描边粗细"选项设置为0.5 pt。按Enter键确定操作，效果如图5-48所示。设置描边色为灰色（其C、M、Y、K的值分别为10、11、11、0），填充描边，效果如图5-49所示。

图 5-48　　　　　　　　　　　　　　　图 5-49

（2）选择"选择"工具 ▶，按住 Alt+Shift 组合键的同时，水平向右拖曳竖线到适当的位置，复制竖线，效果如图 5-50 所示。连续按 Ctrl+D 组合键，再复制出多条竖线，效果如图 5-51 所示。

图 5-50　　　　　　　　　　　　　　　图 5-51

（3）用框选的方法将所绘制的竖线同时选取，按 Ctrl+G 组合键，将其编组。选择"窗口 > 变换"命令，弹出"变换"控制面板，将"旋转"选项设为 -28°，如图 5-52 所示。按 Enter 键确定操作，效果如图 5-53 所示。

（4）选择"矩形"工具 ▢，在适当的位置绘制一个矩形，如图 5-54 所示。选择"选择"工具 ▶，按住 Shift 键的同时，单击下方编组竖线将其同时选取，如图 5-55 所示。按 Ctrl+7 组合键，建立剪切蒙版，效果如图 5-56 所示。

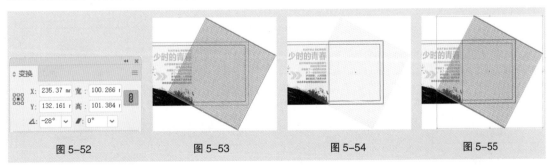

图 5-52　　　　　图 5-53　　　　　图 5-54　　　　　图 5-55

（5）选择"直线段"工具 ✐，在适当的位置绘制一条竖线，选择"窗口 > 描边"命令，弹出"描边"控制面板，选择"虚线"复选框，数值被激活，其余各选项的设置如图 5-57 所示，虚线效果如图 5-58 所示。设置描边色为淡黑色（其 C、M、Y、K 的值分别为 0、0、0、50），填充描边，效果如图 5-59 所示。

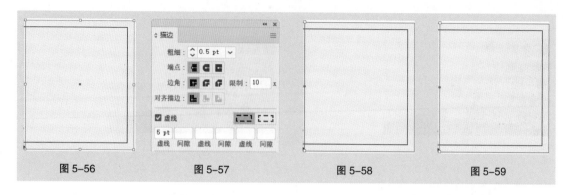

图 5-56   图 5-57   图 5-58   图 5-59

（6）选择"选择"工具▶，按住 Alt+Shift 组合键的同时，水平向右拖曳竖线到适当的位置，复制竖线，效果如图 5-60 所示。选择"文字"工具 T，在适当的位置分别输入需要的文字。选择"选择"工具▶，在属性栏中分别选择合适的字体并设置文字大小，效果如图 5-61 所示。

（7）选取文字"副券"，在"字符"控制面板中，将"设置所选字符的字距调整" VA 选项设为 −40，其他选项的设置如图 5-62 所示。按 Enter 键确定操作，效果如图 5-63 所示。设置填充色为橘黄色（其 C、M、Y、K 的值分别为 0、50、100、0），填充文字，效果如图 5-64 所示。

图 5-60   图 5-61   图 5-62   图 5-63

（8）选取文字"一楼 15 排 37 座"，在"字符"控制面板中将"设置行距" 选项设为 21 pt，其他选项的设置如图 5-65 所示。按 Enter 键确定操作，效果如图 5-66 所示。选取文字"场次 2"，在属性栏中单击"居中对齐"按钮 ，文字居中对齐，微调文字到适当的位置，效果如图 5-67 所示。

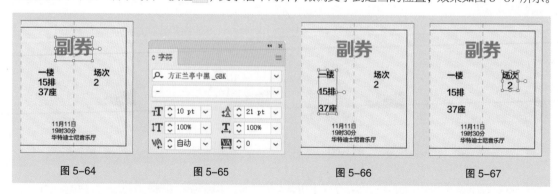

图 5-64   图 5-65   图 5-66   图 5-67

（9）在"字符"控制面板中将"设置行距" 选项设为 36 pt，其他选项的设置如图 5-68 所示。按 Enter 键确定操作，效果如图 5-69 所示。选择"文字"工具 T，选取数字"2"，在属性栏中设置文字大小，效果如图 5-70 所示。

图 5-68　　　　　　　　　　　图 5-69　　　　　　　　　　　图 5-70

（10）选取文字"11 月……音乐厅"，在"字符"控制面板中将"设置行距" <img> 选项设为 10 pt，其他选项的设置如图 5-71 所示。按 Enter 键确定操作，效果如图 5-72 所示。在属性栏中单击"居中对齐"按钮 ≡ ，文字居中对齐，微调文字到适当的位置，效果如图 5-73 所示。

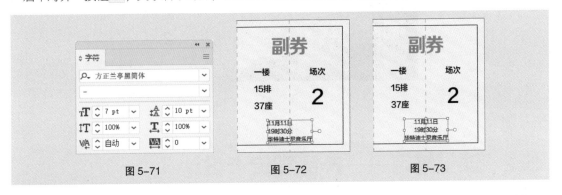

图 5-71　　　　　　　　　　　图 5-72　　　　　　　　　　　图 5-73

（11）选择"文字"工具 T ，在文字"特"右侧单击鼠标左键，插入光标，如图 5-74 所示。选择"文字 > 字形"命令，弹出"字形"控制面板。设置字体并选择需要的字形，如图 5-75 所示。双击鼠标左键插入字形，效果如图 5-76 所示。

图 5-74　　　　　　　　　　　图 5-75　　　　　　　　　　　图 5-76

（12）按 Ctrl+O 组合键，打开云盘中的"Ch05 > 素材 > 音乐会门票设计 > 05"文件。选择"选择"工具 ▶ ，选取需要的图形，按 Ctrl+C 组合键，复制图形。选择正在编辑的页面，按 Ctrl+V 组合键，将其粘贴到页面中，并拖曳复制的图形到适当的位置，效果如图 5-77 所示。

（13）双击"镜像"工具 ▷◁ ，弹出"镜像"对话框，选项的设置如图 5-78 所示。单击"复制"按钮，镜像并复制图形。选择"选择"工具 ▶ ，按住 Shift 键的同时，水平向右拖曳复制的图形到适当的位置，效果如图 5-79 所示。

（14）音乐会门票制作完成，效果如图 5-80 所示。

图 5-77　　　　　　　　　　图 5-78　　　　　　　　　　图 5-79

图 5-80

5.2　课堂练习——产品宣传卡设计

【练习知识要点】在 Photoshop 中，使用"矩形选框"工具、"变换"命令和"填充"命令制作放射光效果，使用"添加图层蒙版"按钮、"渐变"工具制作放射光渐隐效果，使用"颜色叠加"命令为图片叠加颜色；在 Illustrator 中，使用"矩形"工具、"倾斜"工具制作矩形倾斜效果，使用"星形"工具、"圆角"命令、"旋转"工具和"文字"工具制作装饰星形，使用"符号"面板添加符号图形，使用"高斯模糊"命令为文字添加模糊效果，使用文字工具和填充工具添加标题及相关信息。

【效果所在位置】云盘 /Ch05/ 效果 / 产品宣传卡设计 / 产品宣传卡 .ai。

产品宣传卡设计效果如图 5-81 所示。

图 5-81

5.3 课后习题——礼券设计

【习题知识要点】在 Illustrator 中，使用"置入"命令置入底图，使用"椭圆"工具、"缩放"命令、"渐变"工具和"圆角矩形"工具制作装饰图形，使用"矩形"工具、"剪切蒙版"命令制作图片的剪切蒙版效果，使用"文字"工具、"字符"控制面板和段落控制面板添加内页文字。

【效果所在位置】云盘 /Ch05/ 效果 / 礼券设计 .ai。

礼券设计效果如图 5-82 所示。

图 5-82

第 6 章
Banner 设计

▶ **本章介绍**

　　Banner 是用于提高品牌转化的重要表现形式，直接影响到用户是否购买产品或参加活动，因此 Banner 设计对于 UI 设计乃至产品运营都至关重要。本章以电商类 App 主页 Banner 设计为例，讲解 Banner 的设计方法和制作技巧。

Banner 设计

学习目标

- 了解 Banner 的设计思路和过程。
- 掌握 Banner 的制作方法和技巧。

技能目标

- 掌握电商类 App 主页 Banner 的制作方法。
- 掌握生活家具类网站 Banner 的制作方法。
- 掌握女包类 App 主页 Banner 的制作方法。

6.1 电商类 App 主页 Banner 设计

【案例学习目标】在 Photoshop 中，学习使用抠图技法制作 Banner 底图；在 Illustrator 中，学习使用"文字"工具、"字符"控制面板添加宣传主题。

【案例知识要点】在 Photoshop 中，使用"钢笔"工具和"选择并遮住"命令抠取人物；使用"魔棒"工具抠取电器；在 Illustrator 中，使用"文字"工具、"字符"控制面板、"倾斜"工具添加并编辑主题文字，使用"投影"命令为文字添加阴影效果。

【效果所在位置】云盘 /Ch06/ 效果 / 电商类 App 主页 Banner 设计 / 电商类 App 主页 Banner.ai。

电商类 App 主页 Banner 设计效果如图 6-1 所示。

电商类 App 主页 Banner 设计 1

电商类 App 主页 Banner 设计 2

图 6-1

6.1.1 制作 Banner 底图

（1）打开 Photoshop CC 2019，按 Ctrl+N 组合键，弹出"新建文档"对话框。设置宽度为 1 920 像素，高度为 550 像素，分辨率为 72 像素 / 英寸，颜色模式为 RGB，背景内容为白色。设置完单击"创建"按钮，新建一个文件。

（2）按 Ctrl+O 组合键，打开云盘中的"Ch06 > 素材 > 电商类 App 主页 Banner 设计 > 01"文件。选择"移动"工具 ⊕，将图片拖曳到新建图像窗口中适当的位置，效果如图 6-2 所示。在"图层"控制面板中生成新的图层并将其命名为"底图"。

图 6-2

（3）按 Ctrl+O 组合键，打开云盘中的"Ch06 > 素材 > 电商类 App 主页 Banner 设计 > 02"文件，如图 6-3 所示。选择"钢笔"工具 ∅，在属性栏的"选择工具模式"选项中选择"路径"，在图像窗口中沿着人物的轮廓勾勒路径，如图 6-4 所示。

（4）按 Ctrl+Enter 组合键，将路径转换为选区，如图 6-5 所示。选择"选择 > 选择并遮住"命令，弹出"属性"面板，如图 6-6 所示，在图像窗口中显示叠加状态。

图 6-3　　　　　　　　　图 6-4　　　　　　　　　图 6-5　　　　　　　　　图 6-6

（5）在属性栏中选择"调整边缘画笔"工具 ✐ ，在图像窗口中沿着头发边缘绘制，如图 6-7 所示。单击"确定"按钮，在图像窗口中生成选区，如图 6-8 所示。

（6）单击"图层"控制面板下方的"添加图层蒙版"按钮 ▢ ，添加图层蒙版，如图 6-9 所示，图像效果如图 6-10 所示。

图 6-7　　　　　　　　　图 6-8　　　　　　　　　图 6-9　　　　　　　　　图 6-10

（7）选择"移动"工具 ✛ ，将抠出的人物图像拖曳到新建图像窗口中适当的位置，效果如图 6-11 所示。在"图层"控制面板中生成新的图层并将其命名为"人物"。

图 6-11

（8）按 Ctrl+O 组合键，打开云盘中的"Ch06 > 素材 > 电商类 App 主页 Banner 设计 > 03"文件，如图 6-12 所示。选择"魔棒"工具 ✐ ，在属性栏中选择"连续"复选框，将"容差"选项设为20，在图像窗口中的白色背景区域单击，图像周围生成选区，如图6-13所示。选择"选择 > 反选"命令，将选区反选，如图6-14所示。

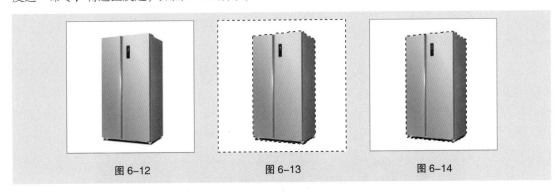

图 6-12　　　　　　　图 6-13　　　　　　　图 6-14

（9）选择"移动"工具 ⊕，将抠出的冰箱拖曳到新建图像窗口中适当的位置，并调整其大小，效果如图6-15所示。在"图层"控制面板中生成新的图层并将其命名为"冰箱"。

（10）用相同的方法分别抠出"04""05"和"06"文件中的电器，并将其分别拖曳到新建图像窗口中适当的位置，调整其大小，效果如图6-16所示。在"图层"控制面板中分别生成新的图层，并将它们分别命名为"洗衣机""电饭煲"和"面包机"。

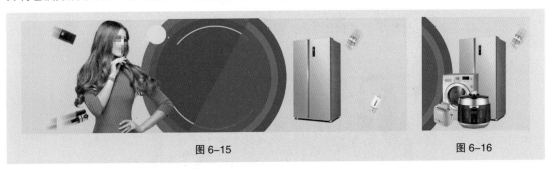

图 6-15　　　　　　　　　　　　　　图 6-16

（11）按 Ctrl+O 组合键，打开云盘中的"Ch06 > 素材 > 电商类 App 主页 Banner 设计 > 07"文件。选择"移动"工具 ⊕，将图片拖曳到新建的图像窗口中适当的位置，如图6-17所示。在"图层"控制面板中生成新的图层并将其命名为"彩带"。电商类 App 主页 Banner 底图制作完成。

图 6-17

（12）按 Shift+Ctrl+E 组合键，合并可见图层。按 Ctrl+S 组合键，弹出"另存为"对话框，将合并后的图层命名为"电商类 App 主页 Banner 底图"，保存为 JPEG 格式。单击"保存"按钮，弹出"JPEG 选项"对话框，单击"确定"按钮，将图像保存。

6.1.2 添加并编辑主题文字

（1）打开 Illustrator CC 2019，按 Ctrl+N 组合键，弹出"新建文档"对话框。设置文档的宽度为 1920 像素，高度为 550 像素，取向为横向，颜色模式为 RGB。设置完单击"创建"按钮，新建一个文件。

（2）选择"文件 > 置入"命令，弹出"置入"对话框。选择云盘中的"Ch06 > 效果 > 电商类 App 主页 Banner 设计 > 电商类 App 主页 Banner 底图 .jpg"文件，单击"置入"按钮，在页面中单击置入图片。单击属性栏中的"嵌入"按钮，嵌入图片。选择"选择"工具 ▶，拖曳图片到适当的位置，效果如图 6-18 所示。按 Ctrl+2 组合键，锁定所选对象。

图 6-18

（3）选择"文字"工具 **T**，在页面中输入需要的文字。选择"选择"工具 ▶，在属性栏中选择合适的字体并设置文字大小，填充文字为白色，效果如图 6-19 所示。

图 6-19

（4）按 Ctrl+T 组合键，弹出"字符"控制面板，将"水平缩放" **T** 选项设为 93%，其他选项的设置如图 6-20 所示。按 Enter 键确定操作，效果如图 6-21 所示。

图 6-20   图 6-21

（5）双击"倾斜"工具 ⊿，弹出"倾斜"对话框。选择"垂直"单选按钮，其他选项的设置如图 6-22 所示。单击"确定"按钮，倾斜文字，效果如图 6-23 所示。

图 6-22   图 6-23

（6）双击"倾斜"工具 ，弹出"倾斜"对话框。选择"水平"单选按钮，其他选项的设置如图 6-24 所示。单击"确定"按钮，倾斜文字，效果如图 6-25 所示。

图 6-24   图 6-25

（7）选择"效果 > 风格化 > 投影"命令，在弹出的"投影"对话框中进行设置，如图 6-26 所示。单击"确定"按钮，效果如图 6-27 所示。

图 6-26   图 6-27

（8）用相同的方法制作其他倾斜图形和文字，并填充相应的颜色，效果如图 6-28 所示。电商类 App 主页 Banner 制作完成。

图 6-28

6.2 课堂练习——生活家具类网站 Banner 设计

【练习知识要点】在 Photoshop 中，使用"添加杂色"命令、"添加图层样式"按钮和"矩形"工具制作 Banner 底图，使用"置入嵌入对象"命令置入家具图片，使用"色阶""色相/饱和度"和"曲线调整图层"命令调整图像颜色；在 Illustrator 中，使用"文字"工具添加宣传性文字，使用位移路径命令添加文字描边，使用"圆角矩形"工具、"投影"命令制作"查看详情"按钮。

【效果所在位置】云盘 /Ch06/ 效果 / 生活家具类网站 Banner 设计 / 生活家具类网站 Banner.ai。生活家具类网站 Banner 设计效果如图 6-29 所示。

生活家具类网站
Banner 设计 1

生活家具类网站
Banner 设计 2

图 6-29

6.3 课后习题——女包类 App 主页 Banner 设计

【习题知识要点】在 Photoshop 中，使用"移动"工具添加素材图片，使用"色阶"命令、"色相/饱和度"命令和"亮度/对比度"命令调整图片颜色；在 Illustrator 中，使用"文字"工具、"字符"控制面板添加标题文字，使用"创建轮廓"命令、"直接选择"工具、"删除锚点"工具和"边角"选项编辑标题文字，使用"圆角矩形"工具、"文字"工具和"填充"工具绘制"GO"按钮。

【效果所在位置】云盘 /Ch06/ 效果 / 女包类 App 主页 Banner 设计 / 女包类 App 主页 Banner.ai。女包类 App 主页 Banner 设计效果如图 6-30 所示。

女包类 App 主页
Banner 设计 1

女包类 App 主页
Banner 设计 2

图 6-30

第 7 章
宣传单设计

07

▶ 本章介绍

　　宣传单是直销广告的一种，对宣传活动和促销商品起着重要的作用。商家通过派送、邮递宣传单等形式，可以有效地将信息传送给目标受众，宣传自己的产品，传播自己的企业文化。本章以家居宣传单三折页设计为例，讲解宣传单的设计方法和制作技巧。

宣传单设计

学习目标

● 了解宣传单的设计思路和过程。
● 掌握宣传单的制作方法和技巧。

技能目标

● 掌握家居宣传单三折页的制作方法。
● 掌握鞋类宣传单的制作方法。
● 掌握食品宣传单的制作方法。

【案例学习目标】在 Illustrator 中，学习使用参考线分割页面，使用"文字"工具、"字符 / 段落"控制面板添加相关内容和介绍信息；在 Photoshop 中，学习使用"变换"命令制作折页展示效果。

【案例知识要点】在 Illustrator 中，使用"置入"命令添加家居图片，使用"矩形"工具和"创建剪切蒙版"命令制作图片剪切蒙版，使用"文字"工具、"字符 / 段落"控制面板添加正 / 背面和内页宣传信息，使用"矩形"工具、"直线段"工具绘制装饰图形；在 Photoshop 中，使用"移动"工具添加素材图片，使用"矩形选框"工具、"扭曲"命令制作折页展示效果。

【效果所在位置】云盘 /Ch07/ 效果 / 家居宣传单三折页设计 / 家居宣传单三折页 .ai、家居宣传单三折页展示效果 .psd。

家居宣传单三折页设计效果如图 7-1 所示。

图 7-1

家居宣传单三折页设计 1　　家居宣传单三折页设计 2　　家居宣传单三折页设计 3

7.1.1 制作折页正面

（1）打开 Illustrator CC 2019，按 Ctrl+N 组合键，弹出"新建文档"对话框。设置文档的宽度为 285 mm，高度为 210 mm，取向为横向，出血为 3 mm，颜色模式为 CMYK。设置完单击"创建"按钮，新建一个文件。

（2）按 Ctrl+R 组合键，显示标尺。选择"选择"工具 ▶，在左侧标尺上向右拖曳一条垂直参考线。选择"窗口 > 变换"命令，弹出"变换"控制面板，将"X"轴选项设为 94 mm，如图 7-2 所示。按 Enter 键确定操作，效果如图 7-3 所示。

（3）保持参考线的选取状态，在"变换"控制面板中，将"X"轴选项设为 189 mm，按 Alt+Enter 组合键确定操作，效果如图 7-4 所示。

（4）选择"文件 > 置入"命令，弹出"置入"对话框。选择云盘中的"Ch07 > 素材 > 家居宣传单三折页设计 > 01"文件，单击"置入"按钮，在页面中单击置入图片。单击属性栏中的"嵌入"按钮，嵌入图片。选择"选择"工具 ▶，拖曳图片到适当的位置，效果如图 7-5 所示。

（5）选择"矩形"工具 ，在适当的位置绘制一个矩形，如图7-6所示。选择"选择"工具 ，按住Shift键的同时，单击下方图片将其同时选取。按Ctrl+7组合键，建立剪切蒙版，效果如图7-7所示。

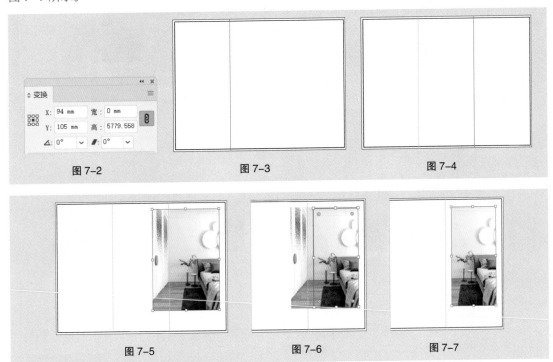

图7-2 　　　　　图7-3 　　　　　图7-4

图7-5 　　　　　图7-6 　　　　　图7-7

（6）选择"矩形"工具 ，在适当的位置绘制一个矩形，设置填充色为蓝色（其C、M、Y、K的值分别为89、0、36、0），填充图形，并设置描边色为无，效果如图7-8所示。

（7）选择"文字"工具 ，在页面中分别输入需要的文字。选择"选择"工具 ，在属性栏中分别选择合适的字体并设置文字大小，填充文字为白色，效果如图7-9所示。

图7-8 　　　　　　　　　　图7-9

（8）选择"文件>置入"命令，弹出"置入"对话框。选择云盘中的"Ch07>素材>家居宣传单三折页设计>02"文件，单击"置入"按钮，在页面中单击置入图片。单击属性栏中的"嵌入"按钮，嵌入图片。选择"选择"工具 ，拖曳图片到适当的位置，效果如图7-10所示。选择"矩形"工具 ，在适当的位置绘制一个矩形，如图7-11所示。

（9）选择"选择"工具 ，按住Shift键的同时，单击图片将其选取，如图7-12所示。按Ctrl+7组合键，建立剪切蒙版，效果如图7-13所示。用相同的方法置入"03"图片，并制作剪切蒙版效果，如图7-14所示。

图 7-10   图 7-11

图 7-12   图 7-13   图 7-14

（10）选择"文字"工具 **T**，在适当的位置输入需要的文字。选择"选择"工具 ▶，在属性栏中选择合适的字体并设置文字大小，效果如图 7-15 所示。

（11）按 Ctrl+T 组合键，弹出"字符"控制面板，将"设置行距" 选项设为 21 pt，其他选项的设置如图 7-16 所示。按 Enter 键确定操作，效果如图 7-17 所示。

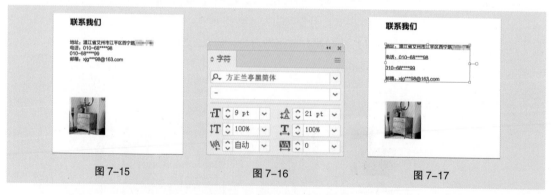

图 7-15   图 7-16   图 7-17

（12）选择"文字"工具 **T**，在倒数第 2 行"010-68****99"左侧单击鼠标左键，插入光标，如图 7-18 所示。按 Alt+Ctrl+T 组合键，弹出"段落"控制面板，将"左缩进" 选项设为 27 pt，其他选项的设置如图 7-19 所示。按 Enter 键确定操作，效果如图 7-20 所示。

（13）选择"直线段"工具 ／，按住 Shift 键的同时，在适当的位置绘制一条直线，如图 7-21 所示。设置描边色为蓝色（其 C、M、Y、K 的值分别为 89、0、36、0），填充描边，效果如图 7-22 所示。

（14）用相同的方法制作"关于我们"页面，效果如图 7-23 所示。选择"矩形"工具 ▢，在适当的位置绘制一个矩形，设置填充色为蓝色（其 C、M、Y、K 的值分别为 89、0、36、0），填充图形，并设置描边色为无，效果如图 7-24 所示。

图 7-18   图 7-19   图 7-20

图 7-21   图 7-22

图 7-23   图 7-24

（15）选择"选择"工具 ▶，按住 Alt+Shift 组合键的同时，水平向右拖曳矩形到适当的位置，复制矩形，效果如图 7-25 所示。用相同的方法分别复制其他矩形，并调整适当的角度，效果如图 7-26 所示。

（16）按住 Shift 键的同时，依次单击选取需要的图形和参考线，如图 7-27 所示。按 Ctrl+C 组合键，复制图形和参考线（此图形和参考线作为备用）。

图 7-25   图 7-26   图 7-27

7.1.2　制作折页内页

（1）单击"图层"控制面板下方的"创建新图层"按钮 <img>，生成新的图层"图层 2"，如图 7-28 所示。单击"图层 1"图层左侧的眼睛 <img> 图标，将"图层 1"图层隐藏，如图 7-29 所示。按 Shift+Ctrl+V 组合键，就地粘贴图形和参考线（备用），如图 7-30 所示。

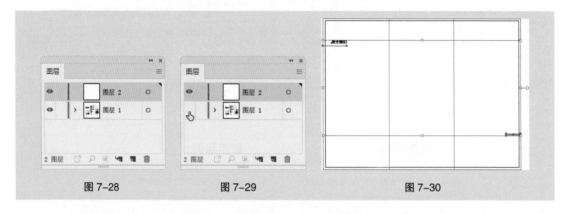

图 7-28　　　　　　　　　图 7-29　　　　　　　　　　　图 7-30

（2）分别调整图形和文字的位置，效果如图 7-31 所示。选择"文字"工具 <img>，选取并重新输入文字，效果如图 7-32 所示。

（3）选择"文件 > 置入"命令，弹出"置入"对话框。选择云盘中的"Ch07 > 素材 > 家居宣传单三折页设计 > 04"文件，单击"置入"按钮，在页面中单击置入图片。单击属性栏中的"嵌入"按钮，嵌入图片。选择"选择"工具 <img>，拖曳图片到适当的位置，效果如图 7-33 所示。选择"矩形"工具 <img>，在适当的位置绘制一个矩形，如图 7-34 所示。

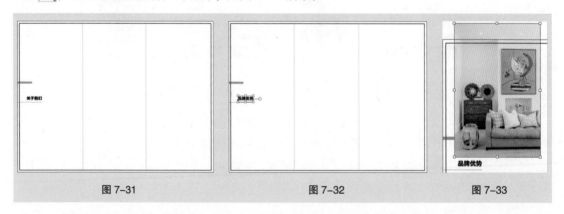

图 7-31　　　　　　　　　　　图 7-32　　　　　　　　　　　图 7-33

（4）选择"选择"工具 <img>，按住 Shift 键的同时，单击图片将其选取，如图 7-35 所示。按 Ctrl+7 组合键，建立剪切蒙版，效果如图 7-36 所示。连续按 Ctrl+ [组合键，将图片移至适当的位置，效果如图 7-37 所示。

（5）选择"文字"工具 <img>，在适当的位置按住鼠标左键不放，拖曳出一个带有选中文本的文本框，如图 7-38 所示。输入需要的文字，选择"选择"工具 <img>，在属性栏中选择合适的字体并设置文字大小，效果如图 7-39 所示。

（6）在"字符"控制面板中，将"设置行距" <img> 选项设为 14 pt，其他选项的设置如图 7-40 所示。按 Enter 键确定操作，效果如图 7-41 所示。

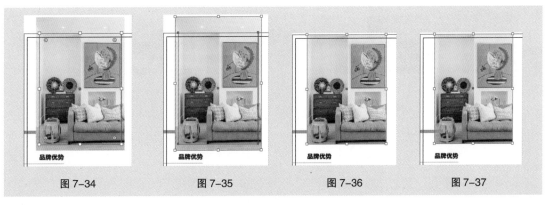

图 7-34　　　　　　　　图 7-35　　　　　　　　图 7-36　　　　　　　　图 7-37

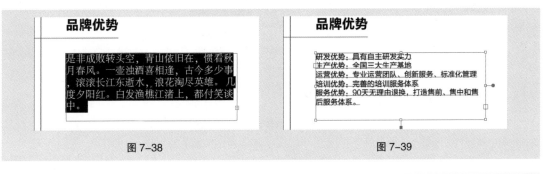

图 7-38　　　　　　　　　　　　　　　　　图 7-39

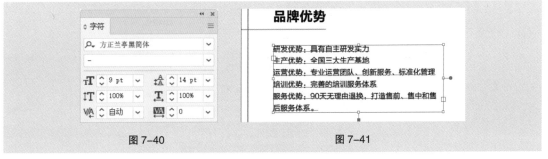

图 7-40　　　　　　　　　　　　图 7-41

（7）选择"文字"工具 T，选取文字"研发优势："。在属性栏中选择合适的字体，效果如图 7-42 所示。设置填充色为蓝色（其 C、M、Y、K 的值分别为 89、0、36、0），填充文字，效果如图 7-43 所示。

研发优势：具有自主研发实力
生产优势：全国三大生产基地
运营优势：专业运营团队、创新服务、标准化管理
培训优势：完善的培训服务体系
服务优势：90天无理由退换，打造售前、售中和售后服务体系。

图 7-42

研发优势：具有自主研发实力
生产优势：全国三大生产基地
运营优势：专业运营团队、创新服务、标准化管理
培训优势：完善的培训服务体系
服务优势：90天无理由退换，打造售前、售中和售后服务体系。

图 7-43

（8）用相同的方法分别设置其他文字的字体和颜色，效果如图 7-44 所示。选择"文字"工具 T，在文字"后"左侧单击鼠标左键，插入光标，如图 7-45 所示。

（9）在"段落"控制面板中，将"左缩进" 选项设为 45 pt，其他选项的设置如图 7-46 所示。按 Enter 键确定操作，效果如图 7-47 所示。

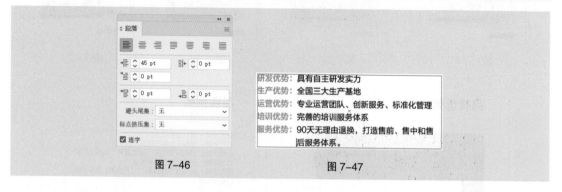

图 7-44   图 7-45

图 7-46   图 7-47

（10）选择"选择"工具 ▶，用框选的方法将图形和文字同时选取，如图 7-48 所示。按住 Alt+Shift 组合键的同时，垂直向下拖曳图形和文字到适当的位置，复制图形和文字，效果如图 7-49 所示。选择"文字"工具 **T**，选取并重新输入文字，效果如图 7-50 所示。

图 7-48   图 7-49   图 7-50

（11）选择"矩形"工具 ▢，在适当的位置绘制一个矩形，设置填充色为蓝色（其 C、M、Y、K 的值分别为 89、0、36、0），填充图形，效果如图 7-51 所示。用相同的方法分别制作其他页面，效果如图 7-52 所示。家居宣传单三折页制作完成。

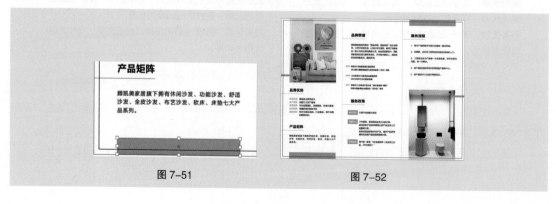

图 7-51   图 7-52

（12）选择"文件 > 导出 > 导出为"命令，弹出"导出"对话框。将文件命名为"家居宣传单三折页 – 内页"，选择"使用画板"复选框，将文件保存为 JPEG 格式。单击"导出"按钮，弹出"JPEG 选项"对话框，单击"确定"按钮，将图像导出。用相同的方法导出"家居宣传单三折页 – 正面"。

7.1.3 制作折页展示效果

（1）打开 Photoshop CC 2019，按 Ctrl+N 组合键，弹出"新建文档"对话框，设置宽度为 29.7 cm，高度为 21 cm，分辨率为 150 像素 / 英寸，颜色模式为 RGB，背景内容为白色，单击"创建"按钮，新建一个文件。

（2）按 Ctrl+O 组合键，打开云盘中的"Ch07 > 素材 > 家居宣传单三折页设计 > 07、08"文件。选择"移动"工具 ⊕，分别将图片拖曳到新建图像窗口中适当的位置，效果如图 7-53 所示。在"图层"控制面板中生成新的图层并将其命名为"底纹""叶子"。

（3）在"图层"控制面板上方，将"底纹"图层的"不透明度"选项设为 16%，如图 7-54 所示。按 Enter 键确定操作，效果如图 7-55 所示。

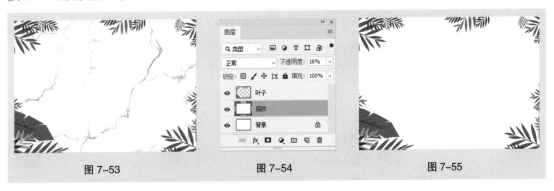

图 7-53　　　　　　　　图 7-54　　　　　　　　图 7-55

（4）选中"叶子"图层。按 Ctrl+O 组合键，打开云盘中的"Ch07 > 效果 > 家居宣传单三折页设计 > 家居宣传单三折页 – 正面 .jpg"文件，如图 7-56 所示。

（5）选择"视图 > 新建参考线版面"命令，弹出"新建参考线版面"对话框，设置如图 7-57 所示。单击"确定"按钮，完成版面参考线的创建，如图 7-58 所示。

图 7-56　　　　　　　　图 7-57　　　　　　　　图 7-58

（6）选择"矩形选框"工具 ⊡，在图像窗口中绘制出需要的选区，如图 7-59 所示。选择"移动"工具 ⊕，将选区中的图像拖曳到新建的图像窗口中，效果如图 7-60 所示。在"图层"控制面板中生成新的图层并将其命名为"正面"。

（7）按Ctrl+T组合键，图像周围出现变换框，按住Ctrl键的同时，拖曳右下角的控制手柄到适当的位置，如图7-61所示。用相同的方法分别拖曳其他控制手柄到适当的位置，按Enter键确定操作，效果如图7-62所示。

图7-59　　　　　　　　　　　　图7-60　　　　　　　　　　　　图7-61

（8）按住Ctrl键的同时，单击"正面"图层的缩览图，图像周围生成选区，如图7-63所示。新建图层并将其命名为"正面阴影"。将前景色设为灰色（其R、G、B的值分别为179、179、179），按Alt+Delete组合键，用前景色填充选区。按Ctrl+D组合键，取消选区，效果如图7-64所示。

图7-62　　　　　　　　　　　　图7-63　　　　　　　　　　　　图7-64

（9）在"图层"控制面板上方，将"正面阴影"图层的"不透明度"选项设为20%，如图7-65所示。按Enter键确定操作，效果如图7-66所示。用相同的方法制作"背面"和"内页"，效果如图7-67所示。

图7-65　　　　　　　　　　　　图7-66　　　　　　　　　　　　图7-67

（10）选择"多边形套索"工具 ，在图像窗口中沿着折页拖曳鼠标绘制选区，效果如图7-68所示。新建图层并将其命名为"阴影"。将前景色设为深灰色（其R、G、B的值分别为96、96、96）。按Alt+Delete组合键，用前景色填充选区。按Ctrl+D组合键，取消选区，效果如图7-69所示。

（11）选择"滤镜 > 模糊 > 高斯模糊"命令，在弹出的"高斯模糊"对话框中进行设置，如图7-70所示。单击"确定"按钮，效果如图7-71所示。

图 7-68

图 7-69

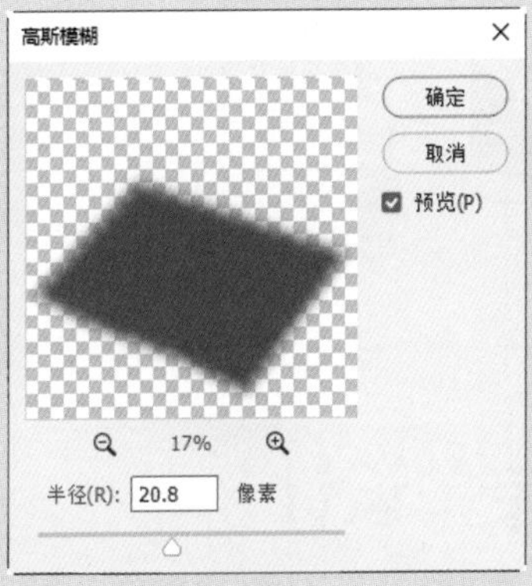

图 7-70

图 7-71

（12）在"图层"控制面板中将"阴影"图层拖曳到"正面"图层的下方，如图 7-72 所示。图像效果如图 7-73 所示。用相同的方法制作折后展示效果，如图 7-74 所示。家居宣传单三折页展示效果制作完成。

图 7-72

图 7-73

图 7-74

7.2　课堂练习——鞋类宣传单设计

【练习知识要点】在 Illustrator 中，使用"矩形"工具、"钢笔"工具、"渐变"工具和剪切蒙版制作宣传单底图；使用"文字"工具、"渐变"工具、"旋转"选项添加并编辑标题文字；使用"文字"工具、"字符"控制面板添加其他宣传性文字。

【效果所在位置】云盘 /Ch07/ 效果 / 鞋类宣传单设计 .ai。

鞋类宣传单设计效果如图 7-75 所示。

图 7-75

7.3 课后习题——食品宣传单设计

【习题知识要点】在 Photoshop 中，使用"新建参考线版面"命令添加参考线，使用"渐变"工具、"图层"控制面板合成背景，使用"高斯模糊滤镜"命令为图片添加模糊效果，使用"色阶"命令调整图片颜色；在 Illustrator 中，使用"文字"工具、"创建轮廓"命令和"描边"控制面板添加并编辑标题文字，使用"直线段"工具绘制装饰线条，使用"文字"工具、"制表符"命令添加产品品类，使用"文字"工具、"字符"控制面板添加其他相关信息。

【效果所在位置】云盘 /Ch07/ 效果 / 食品宣传单设计 / 食品宣传单 .ai。

食品宣传单设计效果如图 7-76 所示。

图 7-76

08

第8章
广告设计

▶ ## 本章介绍

广告是重要的宣传媒体之一，具有实效性强、受众广泛、宣传力度大等特点。广告一般通过网络、电视、杂志和灯箱等媒介来发布。优秀的广告要强化视觉冲击力，吸引住观众的视线。本章以汽车广告设计为例，讲解广告的设计方法和制作技巧。

广告设计

学习目标

● 了解广告的设计思路和过程。
● 掌握广告的制作方法和技巧。

技能目标

● 掌握汽车广告的制作方法。
● 掌握咖啡厅广告的制作方法。
● 掌握豆浆机广告的制作方法。

【案例学习目标】在 Photoshop 中，学习使用"新建参考线版面"命令创建参考线，使用"调整图层"命令、"图层"控制面板、"渐变"工具和"渲染滤镜"命令制作汽车广告底图；在 Illustrator 中，学习使用"文字"工具、"字符"控制面板添加宣传内容，使用绘图工具、"变换"命令和"路径查找器"命令制作标志。

【案例知识要点】在 Photoshop 中，使用"色阶"命令、"色相/饱和度"命令、"曲线"命令调整图片色调，使用"图层"控制面板、"画笔"工具和"渐变"工具制作图片融合效果，使用"镜头光晕"命令制作光晕效果；在 Illustrator 中，使用"文字"工具、"字符"控制面板添加广告语及相关信息，使用"置入"命令、"矩形"工具和"剪切蒙版"命令制作图片的剪切蒙版效果，使用"椭圆"工具、"缩放"命令、"路径查找器"控制面板、"文字"工具、"星形"工具、"倾斜"命令和"渐变"工具制作汽车标志。

【效果所在位置】云盘 /Ch08/ 效果 / 汽车广告设计 / 汽车广告 .ai。

汽车广告设计效果如图 8-1 所示。

汽车广告设计 1

汽车广告设计 2

汽车广告设计 3

图 8-1

8.1.1 制作广告底图

（1）打开 Photoshop CC 2019，按 Ctrl+N 组合键，弹出"新建文档"对话框。设置宽度为 70.6 cm，高度为 37.6 cm，分辨率为 150 像素 / 英寸，颜色模式为 RGB，背景内容为白色。设置完单击"创建"按钮，新建一个文件。

（2）按 Ctrl+O 组合键，打开云盘中的"Ch08 > 素材 > 汽车广告设计 > 01"文件。选择"移动"工具 ，将图片拖曳到新建图像窗口中适当的位置，效果如图 8-2 所示。在"图层"控制面板中生成新的图层并将其命名为"城市"。

（3）单击"图层"控制面板下方的"创建新的填充或调整图层"按钮 ，在弹出的菜单中选择"色阶"命令。在"图层"控制面板中生成"色阶 1"图层，同时弹出"色阶"面板，选项的设置如图 8-3 所示。按 Enter 键确定操作，图像效果如图 8-4 所示。

图 8-2

图 8-3   图 8-4

（4）单击"图层"控制面板下方的"创建新的填充或调整图层"按钮 ◎，在弹出的菜单中选择"色相/饱和度"命令。在"图层"控制面板中生成"色相/饱和度 1"图层，同时弹出"色相/饱和度"面板，选项的设置如图 8-5 所示。按 Enter 键确定操作，图像效果如图 8-6 所示。

图 8-5   图 8-6

（5）按 Ctrl+O 组合键，打开云盘中的"Ch08 > 素材 > 汽车广告设计 > 02"文件。选择"移动"工具 ✛，将图片拖曳到新建图像窗口中适当的位置，效果如图 8-7 所示。在"图层"控制面板中生成新的图层并将其命名为"汽车"。单击"图层"控制面板下方的"添加图层蒙版"按钮 ◻，为"汽车"图层添加图层蒙版，如图 8-8 所示。

图 8-7   图 8-8

（6）将前景色设为黑色。选择"画笔"工具 ，在属性栏中单击"画笔预设"选项右侧的按钮 ，在弹出的面板中选择需要的画笔形状，如图 8-9 所示。在图像窗口中进行涂抹，擦除不需要的部分，效果如图 8-10 所示。

图 8-9   图 8-10

（7）单击"图层"控制面板下方的"创建新的填充或调整图层"按钮 ，在弹出的菜单中选择"色相/饱和度"命令。在"图层"控制面板中生成"色相/饱和度 2"图层，同时弹出"色相/饱和度"面板。单击"此调整影响下面的所有图层"按钮 使其显示为"此调整剪切到此图层"按钮 ，其他选项设置如图 8-11 所示。按 Enter 键确定操作，图像效果如图 8-12 所示。

图 8-11   图 8-12

（8）单击"图层"控制面板下方的"创建新的填充或调整图层"按钮 ，在弹出的菜单中选择"曲线"命令。在"图层"控制面板中生成"曲线 1"图层，同时弹出"曲线"面板。在曲线上单击添加控制点，将"输入"选项设为 174，"输出"选项设为 188，如图 8-13 所示。再次单击添加控制点，将"输入"选项设为 117，"输出"选项设为 104，如图 8-14 所示。按 Enter 键确定操作，图像效果如图 8-15 所示。

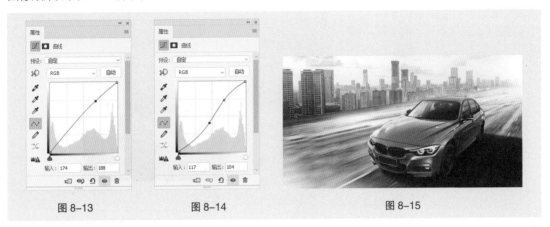

图 8-13   图 8-14   图 8-15

（9）按 Ctrl+O 组合键，打开云盘中的"Ch08 > 素材 > 汽车广告设计 > 03"文件。选择"移动"工具 ⊕，将图片拖曳到新建图像窗口中适当的位置，效果如图 8-16 所示。在"图层"控制面板中生成新的图层并将其命名为"光束"。

（10）新建图层并将其命名为"光晕"。按 Alt+Delete 组合键，用前景色填充"光晕"图层，效果如图 8-17 所示。

图 8-16   图 8-17

（11）选择"滤镜 > 渲染 > 镜头光晕"命令，弹出"镜头光晕"对话框。在左侧的示例框中拖曳十字图标到左上角，光晕选项的设置如图 8-18 所示。单击"确定"按钮，效果如图 8-19 所示。

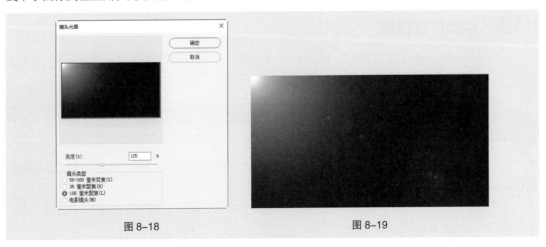

图 8-18   图 8-19

（12）在"图层"控制面板上方，将"光晕"图层的混合模式选项设为"滤色"，如图 8-20 所示。图像效果如图 8-21 所示。

图 8-20　　　　　　　　　　　　　　　图 8-21

（13）单击"图层"控制面板下方的"添加图层蒙版"按钮 ▢ ，为"光晕"图层添加图层蒙版，如图 8-22 所示。选择"渐变"工具 ▨ ，单击属性栏中的"点按可编辑渐变"按钮 ▨ ，弹出"渐变编辑器"对话框。将渐变色设为黑色到白色，单击"确定"按钮。在图像窗口中从下向上拖曳光标填充渐变色，效果如图 8-23 所示。

图 8-22　　　　　　　　　　　　　　　图 8-23

（14）汽车广告底图制作完成。按 Shift+Ctrl+E 组合键，合并可见图层。按 Ctrl+S 组合键，弹出"存储为"对话框，将合并后的图层命名为"汽车广告底图"，保存为 JPEG 格式。单击"保存"按钮，弹出"JPEG 选项"对话框，单击"确定"按钮，将图像保存。

8.1.2　添加广告信息

（1）打开 Illustrator CC 2019，按 Ctrl+N 组合键，弹出"新建文档"对话框。设置文档的宽度为 700 mm，高度为 500 mm，取向为横向，出血为 3 mm，颜色模式为 CMYK。设置完单击"创建"按钮，新建一个文件。

（2）选择"文件 > 置入"命令，弹出"置入"对话框。选择云盘中的"Ch08 > 效果 > 汽车广告设计 > 汽车广告底图 .jpg"文件，单击"置入"按钮。在页面中单击置入图片，单击属性栏中的"嵌入"按钮，嵌入图片。选择"选择"工具 ▶ ，拖曳图片到适当的位置，效果如图 8-24 所示。按 Ctrl+2 组合键，锁定所选对象。

（3）选择"文字"工具 T ，在页面中输入需要的文字。选择"选择"工具 ▶ ，在属性栏中选择合适的字体并设置文字大小，效果如图 8-25 所示。

图 8-24   图 8-25

（4）选择"文字"工具 **T**，选取文字"激活城市本色"。在属性栏中选择合适的字体并设置文字大小，效果如图 8-26 所示。接下来在下侧空白区域输入需要的文字，选择"选择"工具 ▶，在属性栏中选择合适的字体并设置文字大小，效果如图 8-27 所示。

图 8-26   图 8-27

（5）选择"文字"工具 **T**，在适当的位置按住鼠标左键不放，拖曳出一个带有选中文本的文本框，如图 8-28 所示。输入需要的文字，选择"选择"工具 ▶，在属性栏中选择合适的字体并设置文字大小，效果如图 8-29 所示。

图 8-28   图 8-29

（6）按 Ctrl+T 组合键，弹出"字符"控制面板。将"设置行距" 选项设为 32 pt，其他选项的设置如图 8-30 所示。按 Enter 键确定操作，效果如图 8-31 所示。

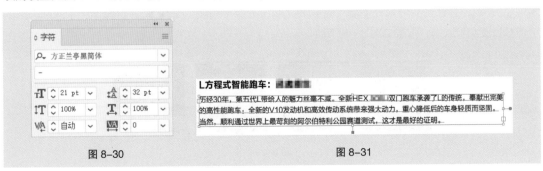

图 8-30   图 8-31

（7）选择"矩形"工具 ▢，按住 Shift 键的同时，在适当的位置绘制一个正方形，如图 8-32 所示。选择"选择"工具 ▶，按住 Alt+Shift 组合键的同时，水平向右拖曳正方形到适当的位置，复制正方形，效果如图 8-33 所示。按住 Ctrl 键的同时，连续按 D 键，按需要再复制出多个正方形，效果如图 8-34 所示。

图 8-32　　　　　　　　　　　　　　图 8-33

（8）选择"文件 > 置入"命令，弹出"置入"对话框。选择云盘中的"Ch08 > 素材 > 汽车广告设计 > 04"文件，单击"置入"按钮，在页面中单击置入图片。单击属性栏中的"嵌入"按钮，嵌入图片。选择"选择"工具 ▶，拖曳图片到适当的位置，效果如图 8-35 所示。

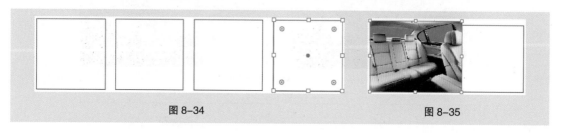

图 8-34　　　　　　　　　　　　　　图 8-35

（9）按 Shift+Ctrl+[组合键，将图片置于底层，如图 8-36 所示。选择"选择"工具 ▶，按住 Shift 键的同时，将图片与上侧的正方形同时选取，如图 8-37 所示。按 Ctrl+7 组合键，建立剪切蒙版，效果如图 8-38 所示。

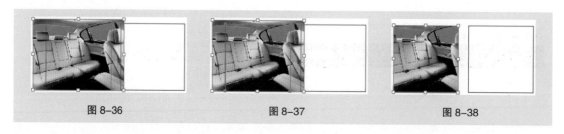

图 8-36　　　　　　　　图 8-37　　　　　　　　图 8-38

（10）用相同的方法置入"05"~"07"图片，并制作剪切蒙版效果，如图 8-39 所示。选择"文字"工具 T，在适当的位置分别输入需要的文字。选择"选择"工具 ▶，在属性栏中选择合适的字体并设置文字大小，效果如图 8-40 所示。

图 8-39

真皮座椅　　　　多角度车灯　　　　简约式车门　　　　自动化操作

图 8-40

（11）选择"矩形"工具<span></span>，在适当的位置绘制一个矩形，设置填充色为灰色（其 C、M、Y、K 的值分别为 0、0、0、40），填充图形，并设置描边色为无，效果如图 8-41 所示。

图 8-41

（12）选择"文字"工具<span></span>，在适当的位置输入需要的文字。选择"选择"工具<span></span>，在属性栏中选择合适的字体并设置文字大小，效果如图 8-42 所示。

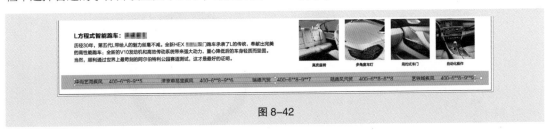

图 8-42

8.1.3　制作汽车标志

（1）选择"椭圆"工具<span></span>，按住 Shift 键的同时，在页面外绘制一个圆形，如图 8-43 所示。双击"渐变"工具<span></span>，弹出"渐变"控制面板。选中"径向渐变"按钮<span></span>，在色带上设置 3 个渐变滑块，分别将渐变滑块的位置设为 0、84、100，并设置 C、M、Y、K 的值分别为 0（0、50、100、0）、84（15、80、100、0）、100（19、88、100、20），其他选项的设置如图 8-44 所示。图形被填充为渐变色，效果如图 8-45 所示。

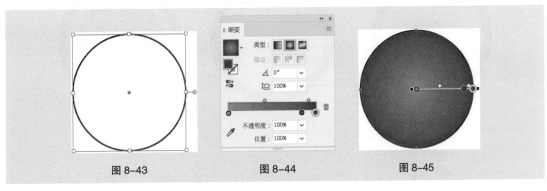

图 8-43　　　　　　　　　　图 8-44　　　　　　　　　　图 8-45

（2）使用"渐变"工具 ■，将鼠标指针放置在渐变的起点处，指针变为 ▶ 图标，如图 8-46 所示。单击并按住鼠标左键，拖曳起点到适当的位置，松开鼠标后，调整渐变色，效果如图 8-47 所示。选择"选择"工具 ▶，设置描边色为无，效果如图 8-48 所示。

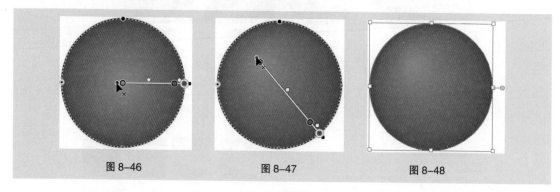

图 8-46   图 8-47   图 8-48

（3）选择"对象 > 变换 > 缩放"命令，在弹出的"比例缩放"对话框中进行设置，如图 8-49 所示。单击"复制"按钮，复制一个圆形，填充图形为白色，效果如图 8-50 所示。

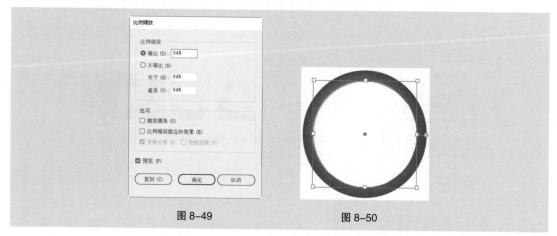

图 8-49   图 8-50

（4）按 Ctrl+D 组合键，再复制出一个圆形，如图 8-51 所示。选择"选择"工具 ▶，按住 Shift 键的同时，将两个白色圆形同时选取，如图 8-52 所示。选择"对象 > 复合路径 > 建立"命令，创建复合路径，效果如图 8-53 所示。

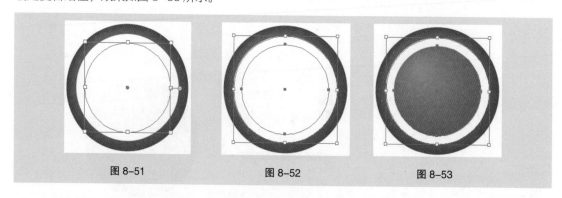

图 8-51   图 8-52   图 8-53

（5）选择"文字"工具 T，在适当的位置输入需要的文字，选择"选择"工具 ▶，在属性栏中选择合适的字体并设置文字大小，效果如图 8-54 所示。按 Shift+Ctrl+O 组合键，创建轮廓，如

图 8-55 所示。

（6）按住 Shift 键的同时，将文字与白色圆环同时选取，如图 8-56 所示。选择"窗口 > 路径查找器"命令，弹出"路径查找器"控制面板，单击"联集"按钮 ▣，如图 8-57 所示。生成新的对象，效果如图 8-58 所示。

| 图 8-54 | 图 8-55 | 图 8-56 | 图 8-57 |

（7）选择"星形"工具 ★，在页面中单击鼠标左键，弹出"星形"对话框，选项的设置如图 8-59 所示。单击"确定"按钮，得到一个星形。选择"选择"工具 ▶，拖曳星形到适当的位置，效果如图 8-60 所示。

| 图 8-58 | 图 8-59 | 图 8-60 |

（8）选择"对象 > 变换 > 倾斜"命令，在弹出的"倾斜"对话框中进行设置，如图 8-61 所示。单击"确定"按钮，效果如图 8-62 所示。选择"选择"工具 ▶，按住 Alt 键的同时，向右上方拖曳星形到适当的位置，复制星形，并调整其大小，效果如图 8-63 所示。

| 图 8-61 | 图 8-62 | 图 8-63 |

（9）用相同的方法再复制两个星形，并分别调整其大小与位置，效果如图 8-64 所示。选择"选择"工具 ▶，按住 Shift 键的同时，依次单击将需要的图形同时选取，按 Ctrl+G 组合键，将其编组，如图 8-65 所示。按 Ctrl+C 组合键，复制图形，按 Ctrl+F 组合键，将复制的图形粘贴在前面。向左上方微调复制的图形到适当的位置，效果如图 8-66 所示。

图 8-64   图 8-65   图 8-66

（10）在"渐变"控制面板中，选中"线性渐变"按钮 ▦，将渐变色设为从白色到浅灰色（0、0、0、30），其他选项的设置如图 8-67 所示。图形被填充为渐变色，效果如图 8-68 所示。

（11）选择"文字"工具 T，在标志右侧分别输入需要的文字。选择"选择"工具 ▶，在属性栏中分别选择合适的字体并设置文字大小，效果如图 8-69 所示。

图 8-67   图 8-68   图 8-69

（12）用框选的方法将图形和文字同时选取，并将其拖曳到页面中适当的位置，如图 8-70 所示。汽车广告制作完成，效果如图 8-71 所示。

图 8-70   图 8-71

8.2 课堂练习——咖啡厅广告设计

【练习知识要点】在 Photoshop 中，使用"移动"工具和"图层混合模式"选项制作图片融合效果，使用"添加图层样式"按钮添加描边和内阴影；在 Illustrator 中，使用"星形"工具、"椭圆"工具、"描边"控制面板和"填充"工具制作标牌底图，使用"椭圆"工具、"路径文字"工具和"选择"工具制作路径文字，使用"文字"工具和"字符"面板添加信息文字，使用"复制"命令和"镜像"工具制作装饰图形，使用"符号库"命令和"椭圆"工具制作图标。

【效果所在位置】云盘 /Ch08/ 效果 / 咖啡厅广告设计 / 咖啡厅广告 .ai。

咖啡厅广告设计效果如图 8-72 所示。

图 8-72

8.3 课后习题——豆浆机广告设计

【习题知识要点】在 Photoshop 中，使用"纹理化滤镜库"命令和"图层混合模式"选项制作背景效果，分别使用"加深"工具和"减淡"工具制作出豆浆杯的阴影和高光部分，使用"自由变换"命令制作标题文字，使用"文字"工具输入宣传性文字。

【效果所在位置】云盘 /Ch08/ 效果 / 豆浆机广告设计 .ai。

豆浆机广告设计效果如图 8-73 所示。

图 8-73

第 9 章

09

海报设计

▶ **本章介绍**

    海报具有画面大、内容广泛、艺术表现力丰富和远视效果强烈的特点，在表现广告主题的深度和增加艺术魅力、审美效果方面十分出色。本章以店庆海报设计为例，讲解海报的设计方法和制作技巧。

海报设计

学习目标

● 了解海报的设计思路和过程。
● 掌握海报的制作方法和技巧。

技能目标

● 掌握店庆海报的制作方法。
● 掌握街舞大赛海报的制作方法。
● 掌握餐饮海报的制作方法。

9.1 店庆海报设计

【案例学习目标】在 Photoshop 中，学习使用"新建参考线版面"命令创建参考线，使用绘图工具、"复制"命令和"路径选择"工具制作招贴背景；在 Illustrator 中，学习使用绘图工具、"文字"工具和"字符"控制面板添加宣传信息。

店庆海报设计 1　店庆海报设计 2　店庆海报设计 3

【案例知识要点】在 Photoshop 中，使用"钢笔"工具和"复制"命令绘制放射光，使用"椭圆"工具和"路径选择"工具制作装饰图形，使用"移动"工具添加主题图片；在 Illustrator 中，使用"文字"工具、"字符"控制面板、"倾斜"工具和"变换"控制面板添加并编辑宣传语，使用"投影"命令为文字添加阴影效果，使用"直线段"工具、"钢笔"工具和"椭圆"工具添加装饰图形和活动详情，使用"椭圆"工具和"符号库"命令添加箭头符号。

【效果所在位置】云盘 /Ch09/ 效果 / 店庆海报设计 / 店庆海报 .ai。

店庆海报设计效果如图 9-1 所示。

图 9-1

9.1.1　制作海报底图

（1）打开 Photoshop CC 2019，按 Ctrl+N 组合键，弹出"新建文档"对话框。设置宽度为 21.6 cm，高度为 29.1 cm，分辨率为 150 像素 / 英寸，颜色模式为 RGB，背景内容为浅黄色（其 R、G、B 的值分别为 255、237、210）。设置完单击"创建"按钮，新建一个文件。

（2）选择"视图 > 新建参考线版面"命令，弹出"新建参考线版面"对话框，设置如图 9-2 所示。单击"确定"按钮，完成版面参考线的创建，如图 9-3 所示。

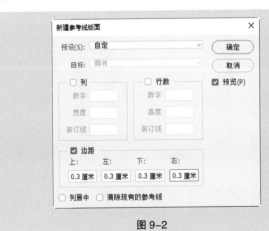

图 9-2

图 9-3

（3）选择"钢笔"工具 ✑.，在属性栏的"选择工具模式"选项中选择"形状"，填充色设为肤色（其 R、G、B 的值分别为 245、211、187），描边色设为无，在图像窗口中绘制形状，效果如图 9-4 所示。在"图层"控制面板中生成新的形状图层"形状 1"。

（4）按 Ctrl+Alt+T 组合键，在图像周围出现变换框，将变换中心点拖曳到适当的位置，如图 9-5 所示。将鼠标光标放在变换框的控制手柄外边，光标变为旋转 ↰ 图标，拖曳鼠标将图像旋转到适当的角度，按 Enter 键确定操作，效果如图 9-6 所示。连续按 Ctrl+Shift+Alt+T 组合键，按需要旋转并复制多个图形，效果如图 9-7 所示。

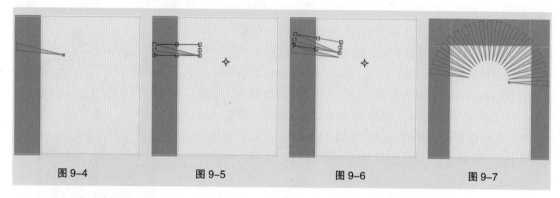

图 9-4　　　　　　图 9-5　　　　　　图 9-6　　　　　　图 9-7

（5）选择"钢笔"工具 ✑.，在图像窗口中绘制形状，在属性栏中将填充色设为浅棕色（其 R、G、B 的值分别为 235、177、124），描边色设为无，效果如图 9-8 所示。在"图层"控制面板中生成新的形状图层"形状 2"。

（6）在属性栏中单击"路径操作"按钮 ▣，在弹出的菜单中选择"排除重叠形状"命令，如图 9-9 所示。使用"钢笔"工具 ✑.，在图像窗口中适当的位置绘制多个图形，效果如图 9-10 所示。

（7）选择"椭圆"工具 ◯.，在属性栏的"选择工具模式"选项中选择"形状"，按住 Shift 键的同时，在图像窗口中绘制一个圆形。在属性栏中将填充色设为肤色（其 R、G、B 的值分别为 246、212、171），描边色设为无，效果如图 9-11 所示。在"图层"控制面板中生成新的形状图层"椭圆 1"。

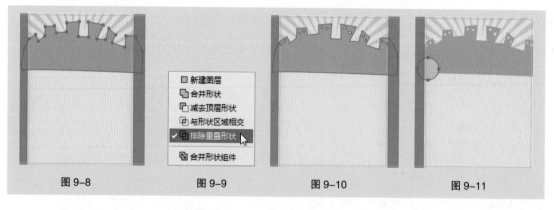

图 9-8　　　　　　图 9-9　　　　　　图 9-10　　　　　　图 9-11

（8）选择"路径选择"工具 ▶.，按住 Alt 键的同时，拖曳圆形到适当的位置，复制圆形，效果如图 9-12 所示。再次复制多个圆形到适当的位置，效果如图 9-13 所示。

（9）用相同的方法再制作一组浅黄色（其 R、G、B 的值分别为 250、233、209）圆形，效果如图 9-14 所示。按 Ctrl+O 组合键，打开云盘中的"Ch09 > 素材 > 店庆海报设计 > 01"文件。选择"移动"工具 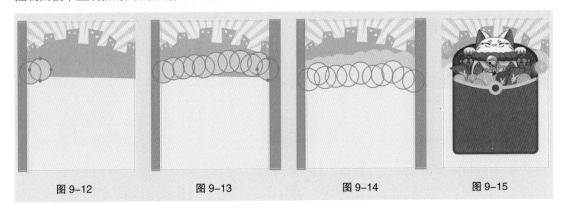，将图片拖曳到新建图像窗口中适当的位置，效果如图 9-15 所示。在"图层"控制面板中生成新的图层并将其命名为"红包"。

| 图 9-12 | 图 9-13 | 图 9-14 | 图 9-15 |

（10）选择"钢笔"工具，在属性栏中将填充色设为红色（其 R、G、B 的值分别为 206、57、51），描边色设为无，在图像窗口中绘制形状，效果如图 9-16 所示。在"图层"控制面板中生成新的形状图层"形状 3"。用相同的方法在左下角绘制深红色（其 R、G、B 的值分别为 172、42、37）形状，效果如图 9-17 所示。

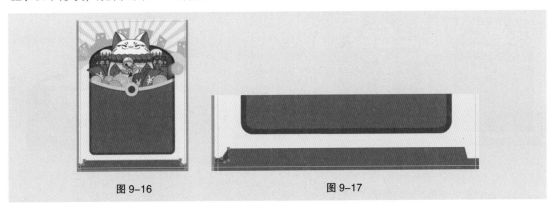

图 9-16　　　　　　　　　图 9-17

（11）按 Ctrl+Alt+T 组合键，在图像周围出现变换框，在变换框中单击鼠标右键，在弹出的菜单中选择"水平翻转"命令，水平翻转图形。按住 Shift 键的同时，水平向右拖曳翻转的图形到适当的位置，按 Enter 键确定操作，效果如图 9-18 所示。店庆海报底图制作完成，效果如图 9-19 所示。

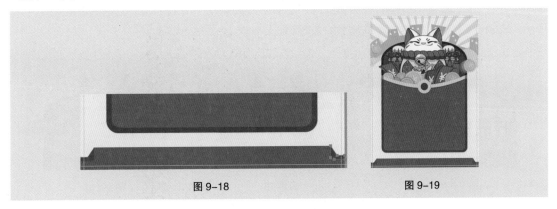

图 9-18　　　　　　　　　图 9-19

（12）按 Shift+Ctrl+E 组合键，合并可见图层。按 Ctrl+S 组合键，弹出"另存为"对话框，将合并的图层命名为"店庆海报底图"，保存为 JPEG 格式。单击"保存"按钮，弹出"JPEG 选项"对话框。单击"确定"按钮，将图像保存。

9.1.2　添加宣传语

（1）打开 Illustrator CC 2019，按 Ctrl+N 组合键，弹出"新建文档"对话框。设置文档的宽度为 210 mm，高度为 285 mm，取向为纵向，出血为 3 mm，颜色模式为 CMYK，设置完单击"创建"按钮，新建一个文件。

（2）选择"文件 > 置入"命令，弹出"置入"对话框。选择云盘中的"Ch09 > 效果 > 店庆海报设计 > 店庆海报底图.jpg"文件，单击"置入"按钮，在页面中单击置入图片。单击属性栏中的"嵌入"按钮，嵌入图片。选择"选择"工具 ▶，拖曳图片到适当的位置，效果如图 9-20 所示。按 Ctrl+2 组合键，锁定所选对象。

（3）选择"文字"工具 T，在页面中输入需要的文字。选择"选择"工具 ▶，在属性栏中选择合适的字体并设置文字大小，填充文字为白色，效果如图 9-21 所示。

（4）按 Ctrl+T 组合键，弹出"字符"控制面板，将"设置行距" 选项设为 64 pt，其他选项的设置如图 9-22 所示。按 Enter 键确定操作，效果如图 9-23 所示。

图 9-20　　　　　图 9-21　　　　　　　　图 9-22　　　　　　　　图 9-23

（5）选择"文字"工具 T，选取文字"惊喜好礼送"，在属性栏中设置文字大小，效果如图 9-24 所示。选取文字"惊喜好礼"，设置填充色为橘黄色（其 C、M、Y、K 的值分别为 8、22、77、0），填充文字，效果如图 9-25 所示。

（6）选择"文字"工具 T，在文字"好"左侧单击鼠标左键，插入光标，如图 9-26 所示。按 Alt+Ctrl+T 组合键，弹出"段落"控制面板，将"左缩进" 选项设为 90 pt，其他选项的设置如图 9-27 所示。按 Enter 键确定操作，效果如图 9-28 所示。

图 9-24　　　　　　　　　图 9-25　　　　　　　　　图 9-26

（7）双击"倾斜"工具 ，弹出"倾斜"对话框，选项的设置如图9-29所示。单击"确定"按钮，倾斜文字，效果如图9-30所示。

图 9-27   图 9-28   图 9-29

（8）选择"窗口 > 变换"命令，弹出"变换"控制面板，将"旋转"选项设为6°，如图9-31所示。按 Enter 键确定操作，效果如图9-32所示。按 Ctrl+C 组合键，复制文字（此文字作为备用）。

图 9-30   图 9-31   图 9-32

（9）选择"效果 > 风格化 > 投影"命令，在弹出的"投影"对话框中进行设置，如图9-33所示。单击"确定"按钮，效果如图9-34所示。

图 9-33   图 9-34

（10）按 Ctrl+B 组合键，将复制的文字（备用）粘贴在后面。设置文字填充色为无，并设置描边色为暗红色（其 C、M、Y、K 的值分别为 37、95、100、3），填充描边，如图9-35所示。在属性栏中将"描边粗细"选项设置为 16 pt，按 Enter 键确定操作，效果如图9-36所示。

图 9-35   图 9-36

（11）选择"文件 > 置入"命令，弹出"置入"对话框。选择云盘中的"Ch09 > 素材 > 店庆海报设计 > 02"文件，单击"置入"按钮。在页面中单击置入图片，单击属性栏中的"嵌入"按钮，嵌入图片。选择"选择"工具 ▶，拖曳图片到适当的位置，效果如图 9-37 所示。

（12）选择"文字"工具 T，在适当的位置输入需要的文字。选择"选择"工具 ▶，在属性栏中选择合适的字体并设置文字大小，效果如图 9-38 所示。在属性栏中单击"居中对齐"按钮 ≡，微调文字到适当的位置，效果如图 9-39 所示。

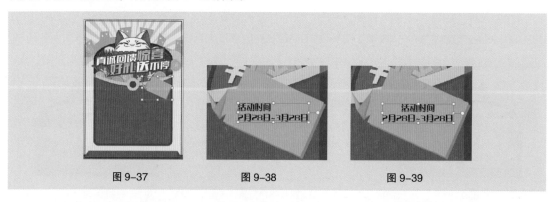

图 9-37   图 9-38   图 9-39

（13）保持文字的选取状态。设置填充色为暗红色（其 C、M、Y、K 的值分别为 37、95、100、3），填充文字，效果如图 9-40 所示。选择"文字"工具 T，选取文字"活动时间"，在属性栏中设置文字大小，效果如图 9-41 所示。

（14）选择"选择"工具 ▶，选取文字，拖曳文字右上角的控制手柄，旋转文字到适当的位置，效果如图 9-42 所示。

图 9-40   图 9-41   图 9-42

9.1.3 添加活动详情

（1）选择"文字"工具 T，在适当的位置输入需要的文字。选择"选择"工具 ▶，在属性栏中选择合适的字体并设置文字大小，单击"左对齐"按钮 ≡，微调文字到适当的位置，效果如图 9-43

所示。设置填充色为橘黄色（其 C、M、Y、K 的值分别为 8、22、77、0），填充文字，效果如图 9-44
所示。

图 9-43　　　　　　　　　　　　　图 9-44

（2）选择"直线段"工具 ∕，按住 Shift 键的同时，在适当的位置绘制一条直线，如图 9-45 所示。
设置描边色为深红色（其 C、M、Y、K 的值分别为 45、97、100、14），填充描边，效果如图 9-46 所示。

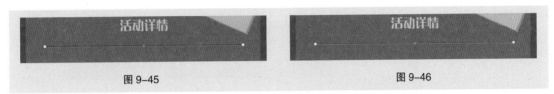

图 9-45　　　　　　　　　　　　　图 9-46

（3）选择"椭圆"工具 ◯，按住 Shift 键的同时，在适当的位置绘制一个圆形，设置填充色为
深红色（其 C、M、Y、K 的值分别为 45、97、100、14），填充图形，并设置描边色为无，效果如
图 9-47 所示。

（4）选择"选择"工具 ▶，按住 Alt+Shift 组合键的同时，水平向右拖曳圆形到适当的位置，
复制圆形，效果如图 9-48 所示。连续按 Ctrl+D 组合键，复制出多个圆形，效果如图 9-49 所示。

图 9-47　　　　　　　　图 9-48　　　　　　　　图 9-49

（5）选择"钢笔"工具 ✐，在适当的位置绘制一个不规则图形，如图 9-50 所示。设置填充色为
土黄色（其 C、M、Y、K 的值分别为 4、68、91、0），填充图形，并设置描边色为无，效果如图 9-51 所示。

（6）选择"文字"工具 T，在适当的位置输入需要的文字。选择"选择"工具 ▶，在属性栏
中选择合适的字体并设置文字大小，填充文字为白色，效果如图 9-52 所示。

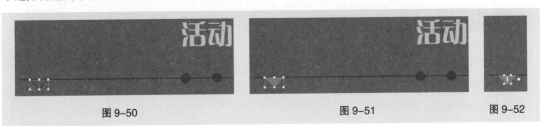

图 9-50　　　　　　　　　　　图 9-51　　　　　　　　图 9-52

（7）选择"文字"工具 T ，在适当的位置输入需要的文字。选择"选择"工具 ▶ ，在属性栏中选择合适的字体并设置文字大小，效果如图 9-53 所示。在属性栏中单击"居中对齐"按钮 ☰ ，微调文字到适当的位置，效果如图 9-54 所示。

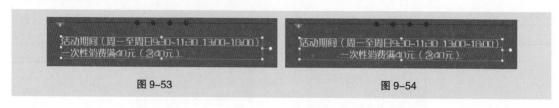

图 9-53   图 9-54

（8）在"字符"控制面板中，将"设置行距" ⅠÂ 选项设为 24 pt，其他选项的设置如图 9-55 所示。按 Enter 键确定操作，效果如图 9-56 所示。

图 9-55   图 9-56

（9）选择"文字"工具 T ，在适当的位置输入需要的文字。选择"选择"工具 ▶ ，在属性栏中选择合适的字体并设置文字大小，单击"左对齐"按钮 ☰ ，微调文字到适当的位置，填充文字为白色，效果如图 9-57 所示。选择"文字"工具 T ，选取文字"送"，在属性栏中设置文字大小，效果如图 9-58 所示。

图 9-57   图 9-58

（10）保持文字的选取状态。设置填充色为橘黄色（其 C、M、Y、K 的值分别为 8、22、77、0），填充文字，效果如图 9-59 所示。选取数字"5"，在属性栏中选择合适的字体并设置文字大小，效果如图 9-60 所示。

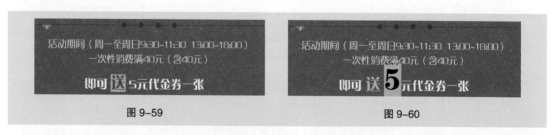

图 9-59   图 9-60

（11）选择"椭圆"工具 ○ ，按住 Shift 键的同时，在适当的位置绘制一个圆形，如图 9-61 所示。设置描边色为橘黄色（其 C、M、Y、K 的值分别为 8、22、77、0），填充描边，效果如图 9-62 所示。

图 9-61   图 9-62

（12）选择"钢笔"工具 ✐，在适当的位置绘制一个不规则图形，设置填充色为橘黄色（其 C、M、Y、K 的值分别为 8、22、77、0），填充图形，并设置描边色为无，效果如图 9-63 所示。

（13）选择"选择"工具 ▶，按住 Alt+Shift 组合键的同时，水平向左拖曳图形到适当的位置，复制图形，效果如图 9-64 所示。

图 9-63

图 9-64

（14）按住 Shift 键的同时，拖曳左下角的控制手柄到适当的位置，等比例缩小图形，效果如图 9-65 所示。用框选的方法将绘制的图形同时选取，按 Ctrl+G 组合键，将其编组，如图 9-66 所示。

图 9-65

图 9-66

（15）选择"选择"工具 ▶，按住 Alt 键的同时，向右拖曳编组图形到适当的位置，复制图形，效果如图 9-67 所示。在"变换"控制面板中，将"旋转"选项设为 180°，如图 9-68 所示。按 Enter 键确定操作，效果如图 9-69 所示。

图 9-67   图 9-68   图 9-69

（16）用相同的方法制作其他图形和文字，效果如图 9-70 所示。选择"文字"工具 T，在适当的位置输入需要的文字。选择"选择"工具 ▶，在属性栏中选择合适的字体并设置文字大小，填充文字为白色，效果如图 9-71 所示。

（17）选择"椭圆"工具 ⬯，按住 Shift 键的同时，在适当的位置绘制一个圆形，设置填充色为橘黄色（其 C、M、Y、K 的值分别为 8、22、77、0），填充图形，并设置描边色为无，效果如图 9-72 所示。

图 9-70   图 9-71

（18）选择"窗口 > 符号库 > 箭头"命令，在弹出的面板中选取需要的符号，如图 9-73 所示。选择"选择"工具 ▶，拖曳符号到页面中适当的位置，并调整其大小，效果如图 9-74 所示。

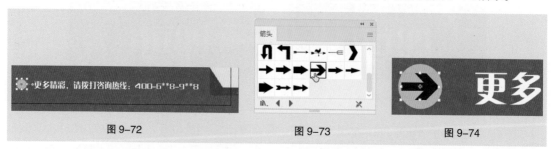

图 9-72   图 9-73   图 9-74

（19）在属性栏中单击"断开链接"按钮，断开符号链接，效果如图 9-75 所示。按 Shift+Ctrl+G 组合键，取消符号编组。选中多余的矩形框，如图 9-76 所示，按 Delete 键将其删除。

图 9-75   图 9-76

（20）选取箭头图形，设置填充色为暗红色（其 C、M、Y、K 的值分别为 24、90、84、0），填充图形，效果如图 9-77 所示。店庆海报制作完成，效果如图 9-78 所示。

图 9-77   图 9-78

9.2 课堂练习——街舞大赛海报设计

【练习知识要点】在 Photoshop 中，使用"移动"工具添加人物和建筑图片，使用"图层混合模式"选项、"不透明度"选项和"变换"命令合成背景；在 Illustrator 中，使用"矩形"工具、"钢笔"工具和"不透明度"控制面板绘制矩形框，使用"文字"工具和"字符"控制面板添加宣传语和相关信息，使用"椭圆"工具、"直线段"工具和"复制"命令制作装饰图形。

【效果所在位置】云盘 /Ch09/ 效果 / 街舞大赛海报设计 / 街舞大赛海报 .ai。

街舞大赛海报设计效果如图 9-79 所示。

图 9-79

9.3 课后习题——餐饮海报设计

【习题知识要点】在 Illustrator 中，使用"置入"命令置入素材图片，使用"矩形"工具、"添加锚点"工具、"锚点"工具和"剪切蒙版"命令制作海报背景，使用"置入"命令、"对齐"控制面板将图片对齐，使用"文字"工具和"字符"控制面板添加宣传性文字。

【效果所在位置】云盘 /Ch09/ 效果 / 餐饮海报设计 .ai。

餐饮海报设计效果如图 9-80 所示。

图 9-80

第 10 章

10

书籍封面设计

▶ **本章介绍**

　　精美的书籍封面设计可以给读者带来更多的阅读乐趣。一本好书是好的内容和好的书籍封面的完美结合。封面设计包括书名、色彩、装饰元素，以及作者和出版社名称等内容。本章以少儿书籍封面设计为例，讲解书籍封面的设计方法和制作技巧。

书籍封面设计

学习目标

● 了解书籍封面的设计思路和过程。
● 掌握书籍封面的制作方法和技巧。

技能目标

● 掌握少儿书籍封面的制作方法。
● 掌握旅游书籍封面的制作方法。
● 掌握美食书籍封面的制作方法。

10.1 少儿书籍封面设计

【案例学习目标】在 Illustrator 中，学习使用参考线分割页面，使用绘图工具、"网格"工具和"描边"控制面板制作背景，使用"文字"工具、"路径查找器"命令、"字符"控制面板添加封面内容和出版信息；在 Photoshop 中，学习使用"变换"命令和图层样式制作封面立体效果。

【案例知识要点】在 Illustrator 中，使用"矩形"工具、"网格"工具、"描边"控制面板和"星形"工具制作背景，使用"文字"工具、"矩形"工具、"路径查找器"控制面板和"直接选择"工具制作书籍名称，使用"文字"工具、"字符"控制面板和"直线段"工具添加相关内容和出版信息，使用"椭圆"工具、"联集"按钮和"区域文字"工具添加区域文字；在 Photoshop 中，使用"渐变"工具、"移动"工具合成背景，使用"矩形选框"工具、"移动"工具和"变换"命令添加封面和书脊，使用"载入选区"命令、"填充"命令和"不透明度"选项制作书脊暗影，使用"添加图层样式"按钮为书籍添加投影效果。

【效果所在位置】云盘 /Ch10/ 效果 / 少儿书籍封面设计 / 少儿书籍封面 .ai、少儿书籍封面立体效果 .psd。

少儿书籍封面设计效果如图 10-1 所示。

图 10-1

少儿书籍封面设计 1　少儿书籍封面设计 2　少儿书籍封面设计 3　少儿书籍封面设计 4

10.1.1 制作背景

（1）打开 Illustrator CC 2019，按 Ctrl+N 组合键，弹出"新建文档"对话框。设置文档的宽度为 310 mm，高度为 210 mm，取向为横向，出血为 3 mm，颜色模式为 CMYK，单击"创建"按钮，新建一个文件。

（2）按 Ctrl+R 组合键，显示标尺。选择"选择"工具▶，在左侧标尺上向右拖曳一条垂直参考线。选择"窗口 > 变换"命令，弹出"变换"控制面板，将"X"轴选项设为 150 mm，如图 10-2 所示。按 Enter 键确定操作，效果如图 10-3 所示。

（3）保持参考线的选取状态，在"变换"控制面板中，将"X"轴选项设为 160 mm，按 Alt+Enter 组合键确定操作，效果如图 10-4 所示。

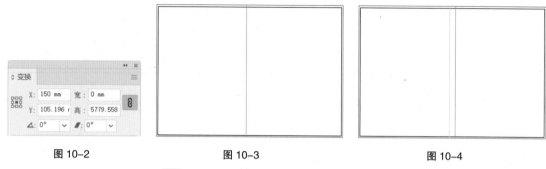

图 10-2   图 10-3   图 10-4

（4）选择"矩形"工具 □，绘制一个与页面大小相等的矩形，如图 10-5 所示。设置填充色为蓝色（其 C、M、Y、K 的值分别为 85、51、5、0），填充图形，并设置描边色为无，效果如图 10-6 所示。

（5）选择"网格"工具 ▦，在矩形中适当的区域单击鼠标，为图形建立渐变网格对象，效果如图 10-7 所示。用相同的方法添加其他锚点，效果如图 10-8 所示。

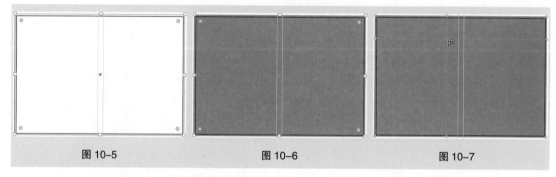

图 10-5   图 10-6   图 10-7

（6）选择"直接选择"工具 ▷，用框选的方法将需要的锚点同时选取，如图 10-9 所示。设置填充色为浅蓝色（其 C、M、Y、K 的值分别为 48、0、0、0），填充锚点，效果如图 10-10 所示。

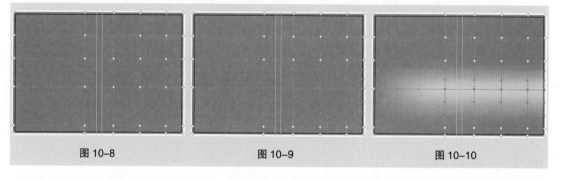

图 10-8   图 10-9   图 10-10

（7）使用"直接选择"工具 ▷，用框选的方法将需要的锚点同时选取，如图 10-11 所示。设置填充色为青色（其 C、M、Y、K 的值分别为 100、0、0、0），填充锚点，效果如图 10-12 所示。

（8）选择"文件 > 置入"命令，弹出"置入"对话框。选择云盘中的"Ch10 > 素材 > 少儿书籍封面设计 > 01"文件，单击"置入"按钮，在页面中单击置入图片。单击属性栏中的"嵌入"按钮，嵌入图片。选择"选择"工具 ▶，拖曳图片到适当的位置，并调整其大小，效果如图 10-13 所示。

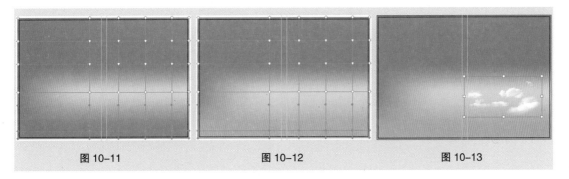

图 10-11　　　　　　　　图 10-12　　　　　　　　图 10-13

（9）使用"选择"工具 ▶，按住 Alt+Shift 组合键的同时，水平向左拖曳图片到封底适当的位置，复制图片，效果如图 10-14 所示。

（10）选择"矩形"工具 ▢，在适当的位置绘制一个矩形，设置填充色为黄色（其 C、M、Y、K 的值分别为 0、0、91、0），填充图形，并设置描边色为无，效果如图 10-15 所示。选择"直线段"工具 ╱，在封面中绘制一条斜线，并填充描边为白色，效果如图 10-16 所示。

图 10-14　　　　　　　　图 10-15　　　　　　　　图 10-16

（11）选择"窗口 > 描边"命令，弹出"描边"控制面板，选择"虚线"复选框，数值被激活，其余各选项的设置如图 10-17 所示。虚线效果如图 10-18 所示。

（12）选择"星形"工具 ☆，在页面中单击鼠标左键，弹出"星形"对话框，选项的设置如图 10-19 所示。单击"确定"按钮，出现一个星形。选择"选择"工具 ▶，拖曳星形到适当的位置，填充图形为白色，并设置描边色为无，效果如图 10-20 所示。

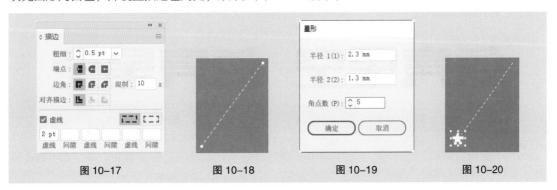

图 10-17　　　　　　　　图 10-18　　　　　　　　图 10-19　　　　　　　　图 10-20

（13）选择"选择"工具 ▶，按住 Shift 键的同时，单击下方虚线将其同时选取。按住 Alt

键的同时，向下拖曳星形和虚线到适当的位置，复制星形和虚线，效果如图 10-21 所示。选中并拖曳虚线右上角的控制手柄到适当的位置，调整斜线长度，效果如图 10-22 所示。

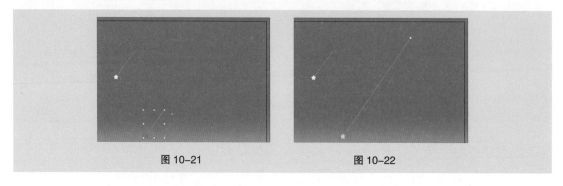

图 10-21　　　　　　　　　　　　　图 10-22

（14）用相同的方法复制星形和虚线到其他位置，并调整其大小，效果如图 10-23 所示。按 Ctrl+A 组合键，全选所有图形；按 Ctrl+2 组合键，锁定所选对象。

（15）按 Ctrl+O 组合键，打开云盘中的"Ch10 > 素材 > 少儿书籍封面设计 > 02"文件。按 Ctrl+A 组合键，全选图形；按 Ctrl+C 组合键，复制图形。选择正在编辑的页面，按 Ctrl+V 组合键，将其粘贴到页面中，并拖曳复制的图形到适当的位置，效果如图 10-24 所示。

图 10-23　　　　　　　　　　　　　图 10-24

10.1.2　制作封面

（1）选择"文字"工具 T，在页面外输入需要的文字。选择"选择"工具 ▶，在属性栏中选择合适的字体并设置文字大小，效果如图 10-25 所示。选择"文字 > 创建轮廓"命令，将文字转换为轮廓，效果如图 10-26 所示。按 Shift+Ctrl+G 组合键，取消文字编组。

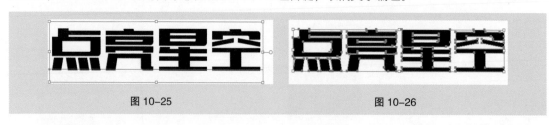

图 10-25　　　　　　　　　　　　　图 10-26

（2）双击"倾斜"工具 ，弹出"倾斜"对话框。选择"水平"单选按钮，其他选项的设置如图 10-27 所示。单击"确定"按钮，倾斜文字，效果如图 10-28 所示。

（3）选择"直接选择"工具 ▷，按住 Shift 键的同时，依次单击选取"点"文字下方需要的锚点，如图 10-29 所示。按 Delete 键，删除不需要的锚点，如图 10-30 所示。

图 10-27   图 10-28

（4）选择"矩形"工具 ▣，在适当的位置绘制一个矩形，如图 10-31 所示。选择"选择"工具 ▶，按住 Shift 键的同时，单击下方"点"文字将其同时选取，如图 10-32 所示。

图 10-29   图 10-30   图 10-31

（5）选择"窗口 > 路径查找器"命令，弹出"路径查找器"控制面板，单击"减去顶层"按钮 ▣，如图 10-33 所示。新生成的对象如图 10-34 所示。

图 10-32   图 10-33   图 10-34

（6）按 Shift+Ctrl+G 组合键，取消文字编组。选择"选择"工具 ▶，拖曳下方笔画到适当的位置，效果如图 10-35 所示。选择"删除锚点"工具 ✎，在右下角的锚点上单击鼠标左键，删除锚点，效果如图 10-36 所示。

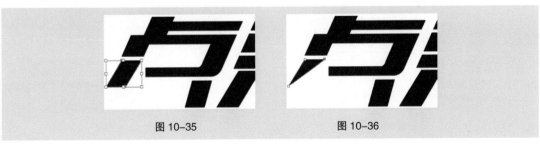

图 10-35   图 10-36

（7）选择"直接选择"工具 ，选取左下角的锚点，并向左下方拖曳锚点到适当的位置，效果如图10-37所示。用相同的方法选中并向左拖曳需要的锚点到适当的位置，效果如图10-38所示。

图10-37   图10-38

（8）使用"直接选择"工具 ，用框选的方法选取"点"文字需要的锚点。连续按↓方向键，调整选中的锚点到适当的位置，如图10-39所示。

（9）用框选的方法选取左侧的锚点，并向左拖曳锚点到适当的位置，效果如图10-40所示。选取左上角的锚点，并向右拖曳锚点到适当的位置，效果如图10-41所示。

图10-39   图10-40   图10-41

（10）用相同的方法制作文字"亮""星"和"空"，效果如图10-42所示。

图10-42

（11）选择"选择"工具 ，用框选的方法将"点亮星空"文字同时选取，拖曳文字到封面适当的位置，并调整其大小，效果如图10-43所示。设置填充色为黄色（其C、M、Y、K的值分别为0、0、91、0），填充文字，效果如图10-44所示。

图10-43

图10-44

（12）选择"文字"工具 $\boxed{T}$ ，在适当的位置分别输入需要的文字。选择"选择"工具 $\blacktriangleright$ ，在属性栏中分别选择合适的字体并设置文字大小，填充文字为白色，效果如图10-45所示。选择"文字"工具 $\boxed{T}$ ，选取文字"著"，在属性栏中设置文字大小，效果如图10-46所示。

图10-45   图10-46

（13）选择"文字"工具 $\boxed{T}$ ，在文字"云"右侧单击鼠标左键，插入光标，如图10-47所示。选择"文字 > 字形"命令，弹出"字形"控制面板，设置字体并选择需要的字形，如图10-48所示。双击鼠标左键插入字形，效果如图10-49所示。用相同的方法在其他位置插入相同的字形，效果如图10-50所示。

图10-47   图10-48

图10-49   图10-50

（14）选择"文字"工具 $\boxed{T}$ ，在适当的位置分别输入需要的文字。选择"选择"工具 $\blacktriangleright$ ，在属性栏中分别选择合适的字体并设置文字大小，效果如图10-51所示。

（15）选取上方需要的文字，按Ctrl+T组合键，弹出"字符"控制面板，将"设置行距" $\overset{A}{=}$ 选项设为21 pt，其他选项的设置如图10-52所示。按Enter键确定操作，效果如图10-53所示。

图10-51   图10-52   图10-53

（16）选择"文字"工具 **T**，选取第一行文字，在属性栏中选择合适的字体并设置文字大小，效果如图 10-54 所示。选取第二行文字，在属性栏中设置文字大小，效果如图 10-55 所示。

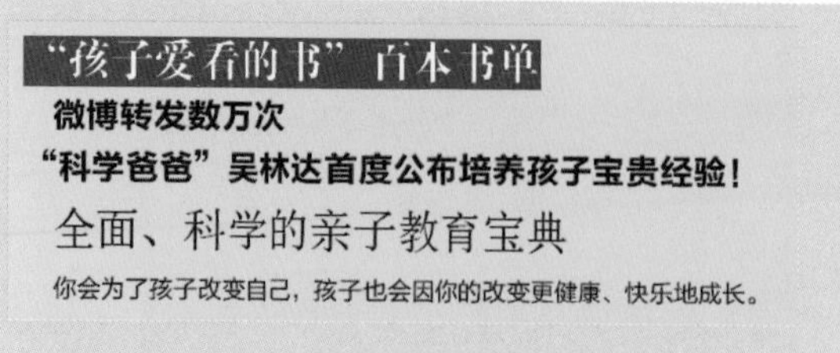

图 10-54

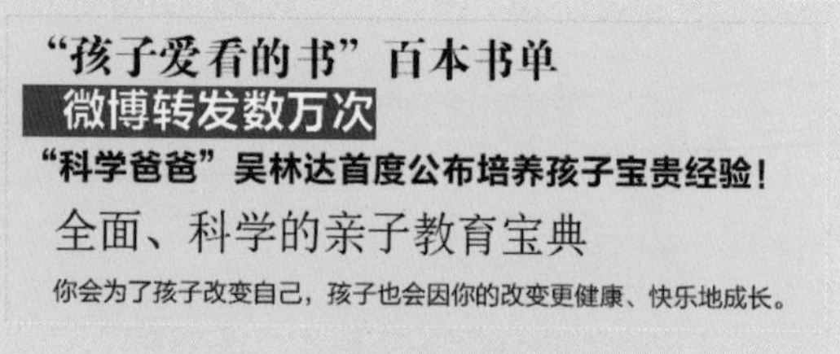

图 10-55

（17）保持文字的选取状态。设置填充色为蓝色（其 C、M、Y、K 的值分别为 80、10、0、0），填充文字，效果如图 10-56 所示。选取文字"'科学爸爸'吴林达"，在属性栏中选择合适的字体，效果如图 10-57 所示。

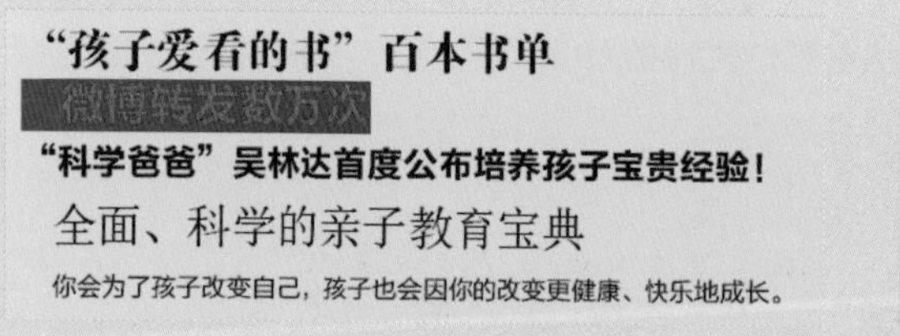

图 10-56

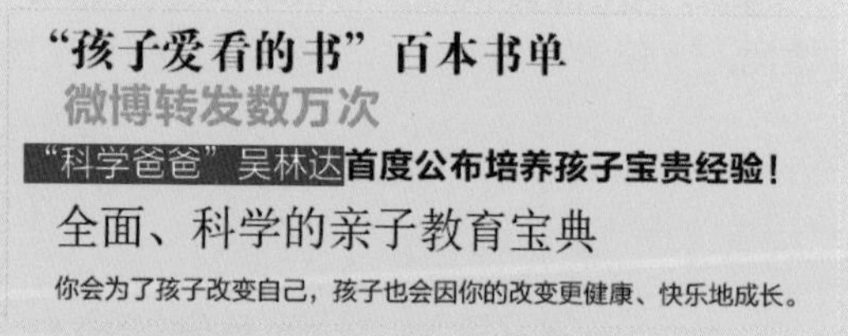

图 10-57

（18）使用"文字"工具 **T**，选取文字"全面、科学"，在属性栏中选择合适的字体，效果如图 10-58 所示。设置填充色为蓝色（其 C、M、Y、K 的值分别为 80、10、0、0），填充文字，效果如图 10-59 所示。

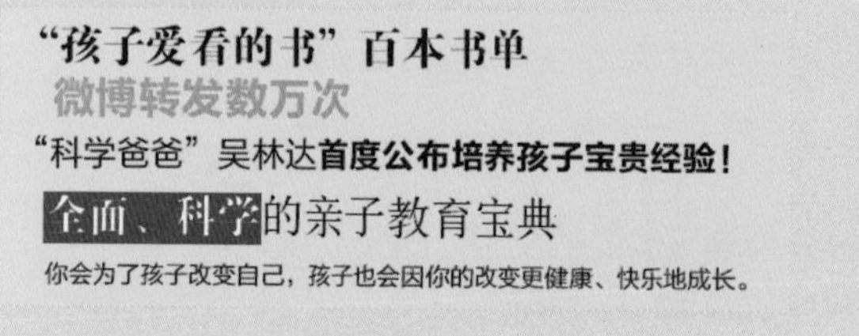

图 10-58

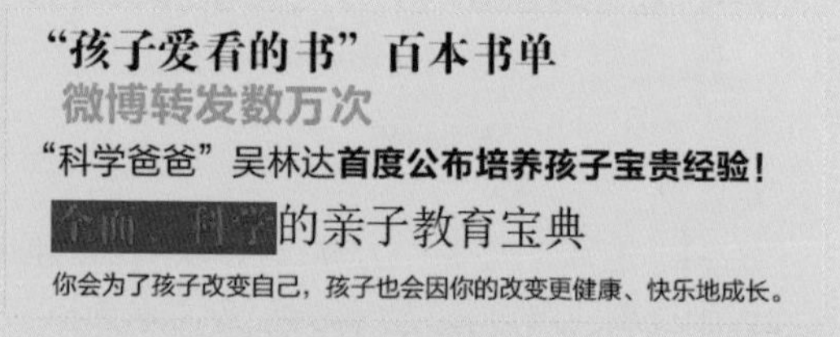

图 10-59

（19）选择"直线段"工具 **/**，按住 Shift 键的同时，在适当的位置绘制一条直线，如图 10-60 所示。设置描边色为蓝色（其 C、M、Y、K 的值分别为 80、10、0、0），填充描边，效果如图 10-61 所示。

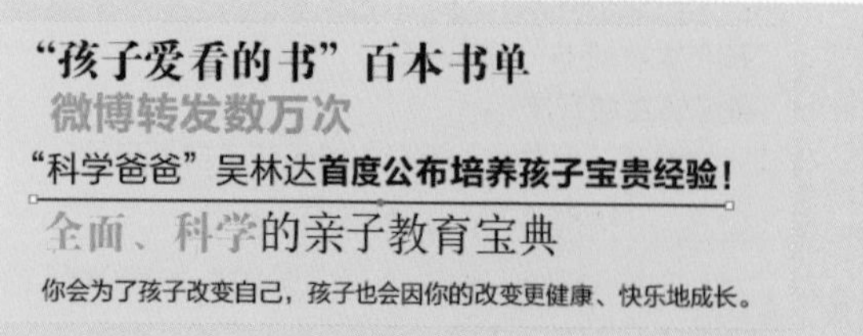

图 10-60

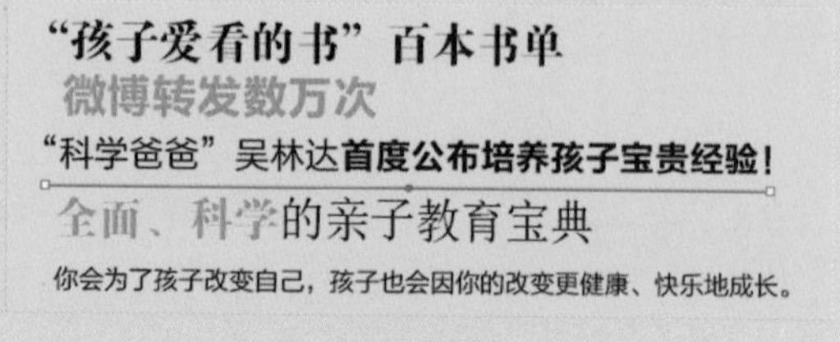

图 10-61

（20）在"描边"控制面板中，选择"虚线"复选框，数值被激活，其余各选项的设置如图 10-62 所示。虚线效果如图 10-63 所示。

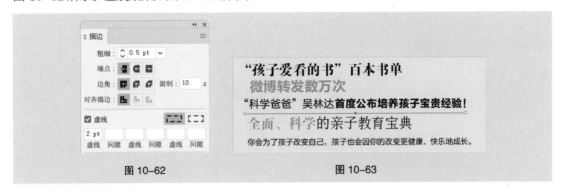

图 10-62　　　　　　　　　　　　　　　　图 10-63

（21）选择"选择"工具 ▶，按住 Alt+Shift 组合键的同时，垂直向下拖曳复制的虚线到适当的位置，效果如图 10-64 所示。

（22）选择"星形"工具 ☆，在页面中单击鼠标左键，弹出"星形"对话框。选项的设置如图 10-65 所示，单击"确定"按钮，页面中出现一个多角星形。选择"选择"工具 ▶，拖曳多角星形到适当的位置，填充图形为白色，并设置描边色为无，效果如图 10-66 所示。

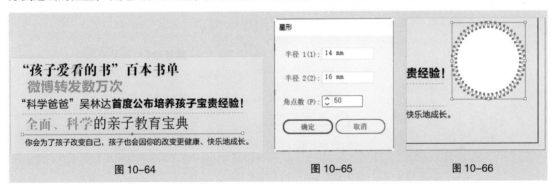

图 10-64　　　　　　　　　　　　　图 10-65　　　　　　　　　　图 10-66

（23）选择"椭圆"工具 ○，按住 Alt+Shift 组合键的同时，以多角星形的中点为圆心绘制一个圆形，设置填充色为蓝色（其 C、M、Y、K 的值分别为 90、10、0、0），填充图形，并设置描边色为无，效果如图 10-67 所示。

（24）按 Ctrl+O 组合键，打开云盘中的"Ch10 > 素材 > 少儿书籍封面设计 > 03"文件。选择"选择"工具 ▶，选取需要的图形，按 Ctrl+C 组合键，复制图形。选择正在编辑的页面，按 Ctrl+V 组合键，将其粘贴到页面中，并拖曳复制的图形到适当的位置，效果如图 10-68 所示。

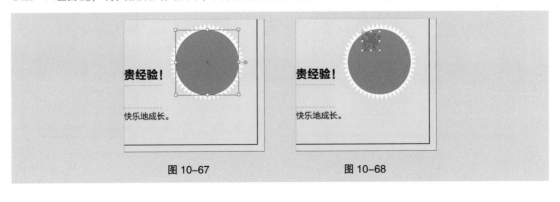

图 10-67　　　　　　　　　　　　　图 10-68

（25）选择"文字"工具 T，在适当的位置分别输入需要的文字。选择"选择"工具 ▶，在属性栏中分别选择合适的字体并设置文字大小，效果如图 10-69 所示。选取文字"送给……教育书"，填充文字为白色，效果如图 10-70 所示。

图 10-69　　　　　　　　　　　　图 10-70

（26）在"字符"控制面板中将"设置所选字符的字距调整" VA 选项设为 −100，其他选项的设置如图 10-71 所示。按 Enter 键确定操作，效果如图 10-72 所示。选择"文字"工具 T，选取文字"温情教育书"，在属性栏中设置文字大小，效果如图 10-73 所示。

图 10-71　　　　　　　图 10-72　　　　　　　图 10-73

10.1.3　制作封底和书脊

（1）选择"椭圆"工具 ◯，在封底分别绘制椭圆形，如图 10-74 所示。选择"选择"工具 ▶，用框选的方法将所绘制的椭圆形同时选取。在"路径查找器"控制面板中，单击"联集"按钮 🔳，如图 10-75 所示。新生成的对象如图 10-76 所示。

图 10-74　　　　　　　　图 10-75　　　　　　　　图 10-76

（2）保持图形的选取状态。设置填充色为黄色（其 C、M、Y、K 的值分别为 0、0、91、0），填充图形，并设置描边色为无，效果如图 10-77 所示。

（3）按 Ctrl+C 组合键，复制图形；按 Ctrl+F 组合键，将复制的图形粘贴在前面。按住 Alt+Shift 组合键的同时，拖曳右上角的控制手柄到适当的位置，等比例缩小图形，效果如图 10-78 所示。

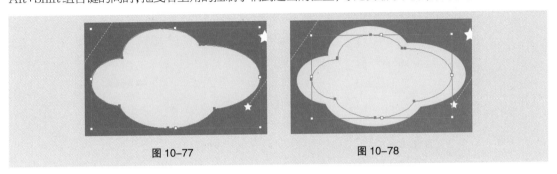

图 10-77　　　　　　　　　　　　　　图 10-78

（4）选择"区域文字"工具 ⊤，在图形内部单击，出现一个带有选中文本的文本区域，如图 10-79 所示。重新输入需要的文字，在属性栏中选择合适的字体并设置文字大小，效果如图 10-80 所示。

图 10-79　　　　　　　　　　　　　　图 10-80

（5）在"字符"控制面板中，将"设置行距" ⫶A 选项设为 12 pt，其他选项的设置如图 10-81 所示。按 Enter 键确定操作，效果如图 10-82 所示。

图 10-81　　　　　　　　　　　　　　图 10-82

（6）选择"矩形"工具 ▢，在适当的位置绘制一个矩形，填充图形为白色，并设置描边色为无，效果如图 10-83 所示。选择"文字"工具 ⊤，在适当的位置分别输入需要的文字。选择"选择"工具 ▶，在属性栏中分别选择合适的字体并设置文字大小，效果如图 10-84 所示。

（7）选择"选择"工具 ▶，在封面中选取需要的图形，如图 10-85 所示。按住 Alt 键的同时，用鼠标向左拖曳图形到书脊上，复制图形，并调整其大小，效果如图 10-86 所示。用相同的方法复制封面中其余需要的文字，并调整文字方向，效果如图 10-87 所示。

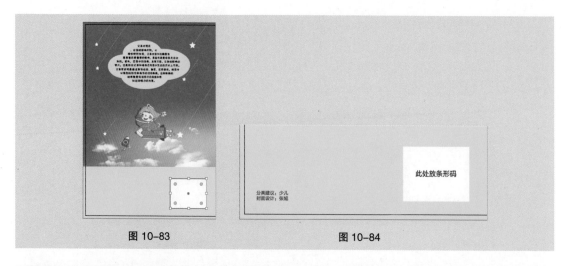

图 10-83   图 10-84

图 10-85   图 10-86   图 10-87

（8）选择"选择"工具 ，按住 Shift 键的同时，在封面中选取需要的图形和文字，如图 10-88 所示。选择"文件 > 导出所选项目"命令，弹出"导出为多种屏幕所用格式"对话框，将选中内容命名为"04"，保存为 PNG 格式，如图 10-89 所示。单击"导出资源"按钮，将选中的图形和文字导出。

图 10-88   图 10-89

（9）少儿书籍封面制作完成。按 Ctrl+S 组合键，弹出"存储为"对话框，将文件命名为"少儿书籍封面"，保存为 AI 格式。单击"保存"按钮，将文件保存。

10.1.4　制作封面立体效果

（1）打开 Photoshop CC 2019，按 Ctrl+N 组合键，弹出"新建文档"对话框。设置宽度为 30 cm，高度为 20 cm，分辨率为 150 像素 / 英寸，颜色模式为 RGB，背景内容为白色。设置完单击"创建"按钮，新建一个文件。

（2）选择"渐变"工具 ▣，单击属性栏中的"点按可编辑渐变"按钮 ▨，弹出"渐变编辑器"对话框。在"位置"选项中分别输入 0、50、100 3 个位置点，并设置 3 个位置点颜色的 RGB 值为 0（16、109、178），50（131、207、244），100（0、148、222），如图 10-90 所示，单击"确定"按钮。按住 Shift 键的同时，在图像窗口中由中至下拖曳光标填充渐变色，效果如图 10-91 所示。

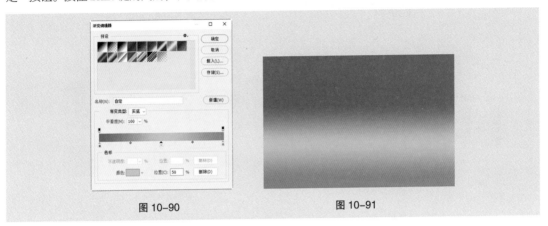

图 10-90　　　　　　　　　　　　图 10-91

（3）按 Ctrl+O 组合键，打开云盘中的"Ch10 > 素材 > 少儿书籍封面设计 > 01、04"文件。选择"移动"工具 ✛，分别将图片拖曳到新建图像窗口中适当的位置，并调整其大小，效果如图 10-92 所示。在"图层"控制面板中生成新的图层并将其命名为"云彩"和"文字"。

（4）按 Ctrl+O 组合键，打开云盘中的"Ch10 > 效果 > 少儿书籍封面设计 > 少儿书籍封面 .ai"文件。单击"打开"按钮，弹出"导入 PDF"对话框，单击"确定"按钮，打开图像，如图 10-93 所示。

图 10-92　　　　　　　　　　　　图 10-93

（5）选择"视图 > 新建参考线版面"命令，弹出"新建参考线版面"对话框，设置如图 10-94 所示。单击"确定"按钮，完成版面参考线的创建，如图 10-95 所示。

（6）选择"矩形选框"工具 ▢，在封面中绘制出需要的选区，如图 10-96 所示。选择"移动"工具 ✛，将选区中的图像拖曳到新建图像窗口中适当的位置并调整其大小，效果如图 10-97 所示。在"图层"控制面板中生成新的图层并将其命名为"封面"。

图 10-94

图 10-95

图 10-96

图 10-97

（7）按 Ctrl+T 组合键，图像周围出现变换框。按住 Ctrl 键的同时，拖曳右下角的控制手柄到适当的位置，如图 10-98 所示。用相同的方法分别拖曳其他控制手柄到适当的位置，按 Enter 键确定操作，效果如图 10-99 所示。

图 10-98

图 10-99

（8）用相同的方法制作"书脊"，效果如图 10-100 所示。按住 Ctrl 键的同时，单击"书脊"图层的缩览图，图像周围生成选区，如图 10-101 所示。

（9）新建图层并将其命名为"暗影"。将前景色设为黑色，按 Alt+Delete 组合键，用前景色填充选区。按 Ctrl+D 组合键，取消选区，效果如图 10-102 所示。

（10）在"图层"控制面板上方，将"暗影"图层的"不透明度"选项设为 25%，如图 10-103 所示。按 Enter 键确定操作，效果如图 10-104 所示。

（11）按住 Shift 键的同时，单击"封面"图层，将"暗影"图层到"封面"图层之间的所有图层同时选取，如图 10-105 所示。按 Ctrl+J 组合键，复制选中的图层，生成新的拷贝图层，如图 10-106 所示。按 Ctrl+E 组合键，合并图层并将其命名为"书籍"，如图 10-107 所示。

图 10-100

图 10-101

图 10-102

图 10-103

图 10-104

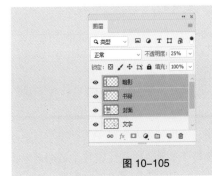
图 10-105

图 10-106

图 10-107

（12）单击"图层"控制面板下方的"添加图层样式"按钮 _fx._，在弹出的菜单中选择"投影"命令，在弹出的"图层样式"对话框中进行设置，如图 10-108 所示。单击"确定"按钮，效果如图 10-109 所示。少儿书籍封面立体效果制作完成。

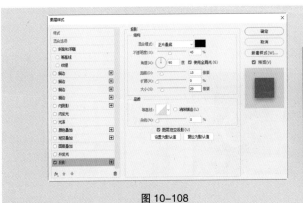
图 10-108

图 10-109

10.2 课堂练习——旅游书籍封面设计

【练习知识要点】在 Illustrator 中，使用"椭圆"工具、"置入"命令、"矩形"工具和"建立剪切蒙版"命令制作封面背景和旅游图片，使用"符号库"命令添加符号图形，使用"文字"工具和"字符"面板添加书名及相关信息，使用"椭圆"工具、"旋转"工具、"钢笔"工具和"路径查找器"控制面板制作装饰图形，使用"风格化"命令添加投影；在 Photoshop 中，使用"矩形选框"工具、"移动"工具和"变换"命令制作书籍立体效果，使用"载入选区"命令、"填充"命令和"不透明度"选项制作书脊暗影，使用"添加图层样式"按钮为书籍添加投影。

【效果所在位置】云盘 /Ch10/ 效果 / 旅游书籍封面设计 / 旅游书籍封面 .ai、旅游书籍封面立体效果 .psd。

旅游书籍封面设计效果如图 10–110 所示。

旅游书籍封面设计 1　旅游书籍封面设计 2　旅游书籍封面设计 3

图 10–110

10.3 课后习题——美食书籍封面设计

【习题知识要点】在 Illustrator 中，使用参考线分割页面，使用"置入"命令、"矩形"工具和"建立剪切蒙版"命令添加并编辑图片，使用"透明度"控制面板制作图片半透明效果，使用"直排文字"工具添加书籍名称和出版信息；使用"字形"命令插入符号字形；在 Photoshop 中，使用"文字"工具、"直线"工具添加书籍名称，使用"矩形选框"工具、"移动"工具和"变换"命令制作书籍立体效果，使用"载入选区"命令、"填充"命令和"不透明度"选项制作封面暗影，使用添加图层样式按钮为书籍添加投影。

【效果所在位置】云盘 /Ch10/ 效果 / 美食书籍封面设计 / 美食书籍封面 .ai、美食书籍封面立体效果 .psd。

美食书籍封面设计效果如图 10–111 所示。

美食书籍封面设计 1　美食书籍封面设计 2

图 10–111

Photoshop+Illustrator 平面设计实战教程（全彩慕课版）

第 11 章

11

画册设计

▶ **本章介绍**

　　画册可以起到有效宣传企业或产品的作用，能够提高企业的知名度和产品的认知度。本章通过设计房地产画册的封面及内页，讲解房地产画册封面、内页的设计流程和制作技巧。

画册设计

学习目标

● 了解画册的设计思路和过程。

● 掌握画册的制作方法和技巧。

技能目标

● 掌握房地产画册封面的制作方法。

● 掌握房地产画册内页的制作方法。

【案例学习目标】在 Photoshop 中，学习使用"调整图层"命令、"图层"控制面板制作画册封面底图；在 Illustrator 中，学习使用绘图工具、"文字"工具和"字符"控制面板添加封面名称和其他相关信息。

【案例知识要点】在 Photoshop 中，使用"色相/饱和度"命令、"色阶"命令调整图片颜色，使用"填充"命令、"图层混合模式"选项为图片添加遮罩效果；在 Illustrator 中，使用参考线分割页面，使用"文字"工具、"字符"控制面板和"椭圆"工具添加封面名称及内容文字。

【效果所在位置】云盘 /Ch11/ 效果 / 房地产画册封面设计 / 房地产画册封面 .ai。

房地产画册封面设计效果如图 11-1 所示。

图 11-1

11.1.1 制作画册封面底图

（1）打开 Photoshop CC 2019，按 Ctrl+N 组合键，弹出"新建文档"对话框。设置宽度为 21.3 cm，高度为 29.1 cm，分辨率为 150 像素 / 英寸，颜色模式为 RGB，背景内容为白色。设置完单击"创建"按钮，新建一个文件。

（2）按 Ctrl+O 组合键，打开云盘中的"Ch11 > 素材 > 房地产画册封面设计 > 01"文件。选择"移动"工具 ⊕，将图片拖曳到新建图像窗口中适当的位置，并调整其大小，效果如图 11-2 所示。在"图层"控制面板中生成新的图层并将其命名为"海景房"。

（3）单击"图层"控制面板下方的"创建新的填充或调整图层"按钮 ⊘，在弹出的菜单中选择"色相/饱和度"命令，在"图层"控制面板中生成"色相/饱和度1"图层，同时弹出"色相/饱和度"面板。选项的设置如图 11-3 所示。按 Enter 键确定操作，图像效果如图 11-4 所示。

（4）单击"图层"控制面板下方的"创建新的填充或调整图层"按钮 ⊘，在弹出的菜单中选择"色阶"命令，在"图层"控制面板中生成"色阶1"图层，同时弹出"色阶"面板。选项的设置如图 11-5 所示。按 Enter 键确定操作，图像效果如图 11-6 所示。

（5）将前景色设为铅灰色（其 R、G、B 的值分别为 165、155、145）。新建图层并将其命名为"遮罩"。按 Alt+Delete 组合键，用前景色填充"遮罩"图层，效果如图 11-7 所示。

（6）在"图层"控制面板上方，将"遮罩"图层的混合模式选项设为"正片叠底"，如图 11-8 所示，图像效果如图 11-9 所示。

Photoshop+Illustrator 平面设计实战教程（全彩慕课版）

图 11-2   图 11-3   图 11-4   图 11-5

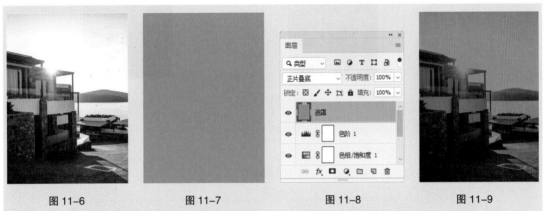

图 11-6   图 11-7   图 11-8   图 11-9

（7）房地产画册封面底图制作完成。按 Shift+Ctrl+E 组合键，合并可见图层。按 Ctrl+S 组合键，弹出"存储为"对话框，将合并的图层命名为"房地产画册封面底图"，保存为 JPEG 格式。单击"保存"按钮，弹出"JPEG 选项"对话框。单击"确定"按钮，将图像保存。

11.1.2　制作画册封面和封底

（1）打开 Illustrator CC 2019，按 Ctrl+N 组合键，弹出"新建文档"对话框。设置文档的宽度为 420 mm，高度为 285 mm，取向为横向，出血为 3 mm，颜色模式为 CMYK。设置完单击"创建"按钮，新建一个文件。

（2）按 Ctrl+R 组合键，显示标尺。选择"选择"工具 ，在左侧标尺上向右拖曳一条垂直参考线。选择"窗口 > 变换"命令，弹出"变换"控制面板。将"X"轴选项设为 210 mm，如图 11-10 所示。按 Enter 键确定操作，如图 11-11 所示。

（3）选择"文件 > 置入"命令，弹出"置入"对话框。选择云盘中的"Ch11 > 效果 > 房地产画册封面设计 > 房地产画册封面底图 .jpg"文件。单击"置入"按钮，在页面中单击置入图片。单击属性栏中的"嵌入"按钮，嵌入图片。选择"选择"工具 ，拖曳图片到适当的位置，效果如图 11-12 所示。按 Ctrl+2 组合键，锁定所选对象。

（4）选择"矩形"工具 ，在适当的位置绘制一个矩形，设置填充色为浅褐色（其 C、M、Y、K 的值分别为 66、65、61、13），填充图形，并设置描边色为无，效果如图 11-13 所示。

图 11-10　　　　　　　　　　图 11-11

图 11-12　　　　　　　　　　图 11-13

（5）在属性栏中将"不透明度"选项设为 80%，按 Enter 键确定操作，效果如图 11-14 所示。选择"文字"工具 T，在页面中分别输入需要的文字。选择"选择"工具 ▶，在属性栏中分别选择合适的字体并设置文字大小，填充文字为白色，效果如图 11-15 所示。

图 11-14　　　　　　　　　　图 11-15

（6）选取文字"友豪房地"，按 Ctrl+T 组合键，弹出"字符"控制面板。将"设置所选字符的字距调整" VA 选项设为 100，其他选项的设置如图 11-16 所示。按 Enter 键确定操作，效果如图 11-17 所示。

图 11-16　　　　　　　　　　图 11-17

（7）选择"椭圆"工具 ◯，按住 Shift 键的同时，在适当的位置绘制一个圆形，设置填充色为黄色

（其 C、M、Y、K 的值分别为 0、0、100、0），填充图形，并设置描边色为无，效果如图 11-18 所示。

（8）选择"文字"工具 $\boxed{\text{T}}$，在适当的位置输入需要的文字。选择"选择"工具 $\boxed{\blacktriangleright}$，在属性栏中选择合适的字体并设置文字大小。设置填充色为浅褐色（其 C、M、Y、K 的值分别为 66、65、61、13），填充文字，效果如图 11-19 所示。

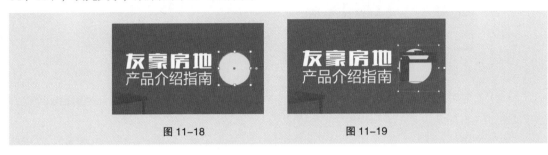

图 11-18   图 11-19

（9）在"字符"控制面板中，将"水平缩放" $\boxed{\text{T}}$ 选项设为 84%，其他选项的设置如图 11-20 所示。按 Enter 键确定操作，效果如图 11-21 所示。

（10）按 Ctrl+O 组合键，打开云盘中的"Ch11 > 素材 > 房地产画册封面设计 > 02"文件。选择"选择"工具 $\boxed{\blacktriangleright}$，选取需要的图形。按 Ctrl+C 组合键，复制图形。选择正在编辑的页面，按 Ctrl+V 组合键，将其粘贴到页面中，并拖曳复制的图形到适当的位置，效果如图 11-22 所示。

图 11-20   图 11-21   图 11-22

（11）选择"矩形"工具 $\boxed{\square}$，在适当的位置绘制一个矩形，设置填充色为橄榄棕色（其 C、M、Y、K 的值分别为 50、50、45、0），填充图形，并设置描边色为无，效果如图 11-23 所示。选择"选择"工具 $\boxed{\blacktriangleright}$，在封面中选取需要的标志图形，如图 11-24 所示。

图 11-23   图 11-24

（12）按住 Alt 键的同时，用鼠标向左拖曳标志图形到封底上，复制图形，并调整其大小和顺序，效果如图 11-25 所示。选择"编组选择"工具 $\boxed{\text{k}}$，选取标志图形，如图 11-26 所示。

图 11-25　　　　　　　　　　　　图 11-26

（13）设置图形的填充色为无，效果如图 11-27 所示。按 Shift+X 组合键，互换填色和描边，效果如图 11-28 所示。

（14）选择"文字"工具 T，在适当的位置输入需要的文字。选择"选择"工具 ▶，在属性栏中选择合适的字体并设置文字大小，填充文字为白色，效果如图 11-29 所示。

图 11-27　　　　　　　　　　图 11-28　　　　　　　　　　图 11-29

（15）在"字符"控制面板中，将"设置行距" 选项设为 18 pt，其他选项的设置如图 11-30 所示；按 Enter 键确定操作，效果如图 11-31 所示。

（16）房地产画册封面制作完成，效果如图 11-32 所示。按 Ctrl+S 组合键，弹出"存储为"对话框，将文件命名为"房地产画册封面"，保存为 AI 格式。单击"保存"按钮，将文件保存。

图 11-30　　　　　　　　图 11-31　　　　　　　　图 11-32

11.2　房地产画册内页 1 设计

【案例学习目标】在 Illustrator 中，学习使用"置入"命令、绘图工具、"剪切蒙版"命令、"雷达图"工具、"文字"工具和"字符"控制面板制作房地产画册内页 1。

【案例知识要点】在 Illustrator 中，使用参考线分割页面，使用"置入"命令、"矩形"工具、"透明度"控制面板添加并编辑图片，使用"矩形"工具、"文字"工具、"字符"控制面板和"段落"控制面板添加内页宣传文字，使用"雷达图"工具绘制年增长率图表，使用"符号库"命令添加箭头符号。

【效果所在位置】云盘 /Ch11/ 效果 / 房地产画册内页 1 设计 .ai。

房地产画册内页 1 设计效果如图 11-33 所示。

图 11-33

11.2.1 制作公司简介

（1）打开 Illustrator CC 2019，按 Ctrl+N 组合键，弹出"新建文档"对话框。设置文档的宽度为 420 mm，高度为 285 mm，取向为横向，出血为 3 mm，颜色模式为 CMYK。设置完单击"创建"按钮，新建一个文件。

（2）按 Ctrl+R 组合键，显示标尺。选择"选择"工具，在左侧标尺上向右拖曳一条垂直参考线。选择"窗口 > 变换"命令，弹出"变换"控制面板，将"X"轴选项设为 210 mm，如图 11-34 所示。按 Enter 键确定操作，如图 11-35 所示。

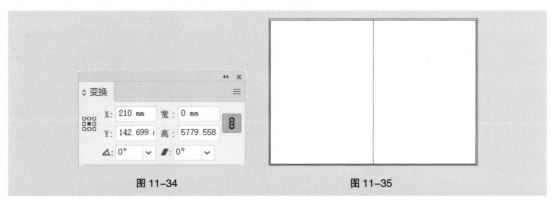

图 11-34　　　　　　　　　　　图 11-35

（3）选择"文件 > 置入"命令，弹出"置入"对话框。选择云盘中的"Ch11 > 素材 > 房地产画册内页 1 设计 > 01"文件，单击"置入"按钮，在页面中单击置入图片。单击属性栏中的"嵌入"按钮，嵌入图片。选择"选择"工具，拖曳图片到适当的位置，并调整其大小，效果如图 11-36 所示。

（4）选择"矩形"工具，在适当的位置绘制一个矩形，设置填充色为铅灰色（其 C、M、Y、K 的值分别为 41、38、40、0），填充图形，并设置描边色为无，效果如图 11-37 所示。

图 11-36

图 11-37

（5）按 Ctrl+C 组合键，复制矩形。按 Ctrl+B 组合键，将复制的矩形粘贴在后面。选择"选择"工具 ▶，按住 Shift 键的同时，单击下方图片将其同时选取，如图 11-38 所示。按 Ctrl+7 组合键，建立剪切蒙版，效果如图 11-39 所示。

图 11-38   图 11-39

（6）选择"选择"工具 ▶，选取最上方的铅灰色矩形，如图 11-40 所示。选择"窗口 > 透明度"命令，弹出"透明度"控制面板，选项的设置如图 11-41 所示。效果如图 11-42 所示。

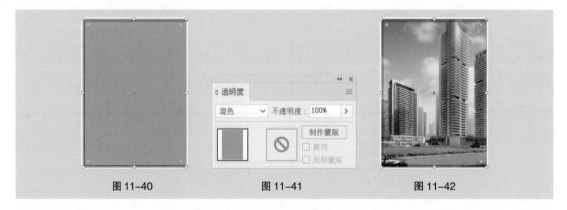

图 11-40   图 11-41   图 11-42

（7）选择"文字"工具 T，在页面左上角输入需要的文字。选择"选择"工具 ▶，在属性栏中选择合适的字体并设置文字大小。设置填充色为淡灰色（其 C、M、Y、K 的值分别为 0、0、0、35），填充文字，效果如图 11-43 所示。

（8）按 Ctrl+T 组合键，弹出"字符"控制面板，将"设置所选字符的字距调整" 🔠 选项设为100，其他选项的设置如图 11-44 所示。按 Enter 键确定操作，效果如图 11-45 所示。

图 11-43　　　　　　　　　　　图 11-44　　　　　　　　　　　图 11-45

（9）选择"直线段"工具 ✐，按住 Shift 键的同时，在适当的位置绘制一条竖线，设置描边色为淡灰色（其 C、M、Y、K 的值分别为 0、0、0、35），填充描边，效果如图 11-46 所示。在属性栏中将"描边粗细"选项设置为 2 pt。按 Enter 键确定操作，效果如图 11-47 所示。

图 11-46　　　　　　　　　　　　图 11-47

（10）选择"矩形"工具 ▭，在适当的位置绘制一个矩形，设置填充色为浅褐色（其 C、M、Y、K 的值分别为 66、65、61、13），填充图形，并设置描边色为无，效果如图 11-48 所示。

（11）在属性栏中将"不透明度"选项设为 80%，按 Enter 键确定操作，效果如图 11-49 所示。使用"矩形"工具 ▭，再绘制一个矩形，填充图形为白色，并设置描边色为无，效果如图 11-50 所示。

图 11-48　　　　　　　　　　图 11-49　　　　　　　　　　图 11-50

（12）选择"文字"工具 T，在矩形上输入需要的文字。选择"选择"工具 ▸，在属性栏中选择合适的字体并设置文字大小。设置填充色为橄榄棕色（其 C、M、Y、K 的值分别为 50、50、45、0），填充文字，效果如图 11-51 所示。

（13）在"字符"控制面板中，将"设置所选字符的字距调整" ⱽⱥ 选项设为 540，其他选项的设置如图 11-52 所示。按 Enter 键确定操作，效果如图 11-53 所示。

（14）选择"矩形"工具 ▭，在适当的位置绘制一个矩形，填充描边为白色，效果如图 11-54 所示。按 Ctrl+C 组合键，复制矩形。按 Ctrl+F 组合键，将复制的矩形粘贴在前面。选择"选择"工具 ▸，向左拖曳矩形右边中间的控制手柄到适当的位置，调整其大小，效果如图 11-55 所示。

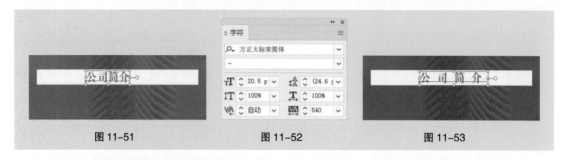

图 11-51   图 11-52   图 11-53

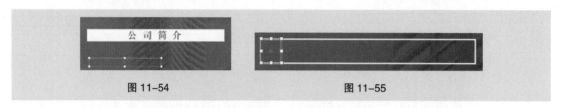

图 11-54   图 11-55

（15）按 Shift+X 组合键，互换填充色和描边色，效果如图 11-56 所示。按 Ctrl+C 组合键，复制矩形。按 Ctrl+B 组合键，将复制的矩形粘贴在后面。选择"选择"工具 ▶，向右拖曳矩形右边中间的控制手柄到适当的位置，调整其大小，效果如图 11-57 所示。

图 11-56   图 11-57

（16）保持图形的选取状态。设置填充色为黄色（其 C、M、Y、K 的值分别为 0、0、100、0），填充图形，效果如图 11-58 所示。

（17）选择"文字"工具 T，在适当的位置输入需要的文字。选择"选择"工具 ▶，在属性栏中选择合适的字体并设置文字大小，填充文字为白色，效果如图 11-59 所示。

图 11-58   图 11-59

（18）在"字符"控制面板中，将"设置所选字符的字距调整" 选项设为 838，其他选项的设置如图 11-60 所示。按 Enter 键确定操作，效果如图 11-61 所示。

图 11-60   图 11-61

（19）选择"文字"工具 T ，在适当的位置按住鼠标左键不放，拖曳出一个带有选中文本的文本框，如图 11-62 所示，重新输入需要的文字。选择"选择"工具 ▶ ，在属性栏中选择合适的字体并设置文字大小，填充文字为白色，效果如图 11-63 所示。

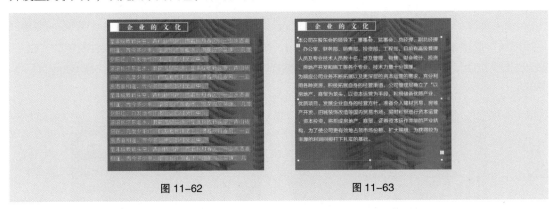

图 11-62　　　　　　　　　　　　图 11-63

（20）在"字符"控制面板中，将"设置所选字符的字距调整" ⅤⅢ 选项设为 75，其他选项的设置如图 11-64 所示。按 Enter 键确定操作，效果如图 11-65 所示。

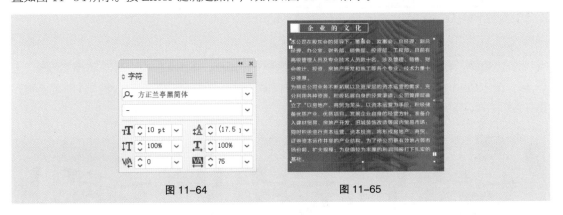

图 11-64　　　　　　　　　　　　图 11-65

（21）按 Alt+Ctrl+T 组合键，弹出"段落"控制面板，将"首行左缩进" 选项设为 20 pt，其他选项的设置如图 11-66 所示。按 Enter 键确定操作，效果如图 11-67 所示。用相同的方法制作"我们的目标""我们的承诺"，效果如图 11-68 所示。

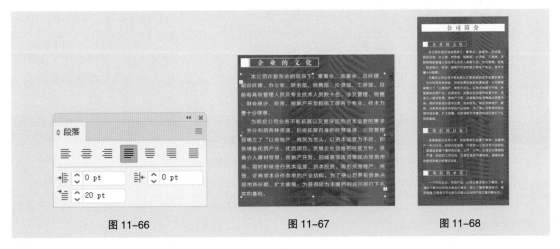

图 11-66　　　　　　　　图 11-67　　　　　　　　图 11-68

11.2.2　制作年增长图表

（1）选择"矩形"工具 ▣，在适当的位置绘制一个矩形，设置填充色为橄榄棕色（其 C、M、Y、K 的值分别为 50、50、45、0），填充图形，并设置描边色为无，效果如图 11-69 所示。

（2）选择"文件 > 置入"命令，弹出"置入"对话框。选择云盘中的"Ch11 > 素材 > 房地产画册内页 1 设计 > 02"文件，单击"置入"按钮，在页面中单击置入图片。单击属性栏中的"嵌入"按钮，嵌入图片。选择"选择"工具 ▶，拖曳图片到适当的位置，并调整其大小，效果如图 11-70 所示。

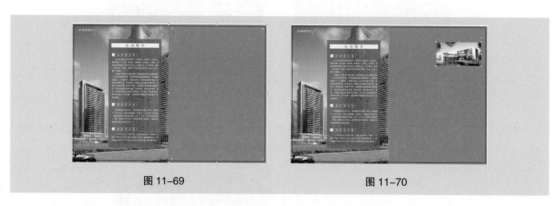

图 11-69　　　　　　　　　　　　　　图 11-70

（3）选择"矩形"工具 ▣，在适当的位置绘制一个矩形，如图 11-71 所示。选择"选择"工具 ▶，按住 Shift 键的同时，单击下方图片将其同时选取，如图 11-72 所示。按 Ctrl+7 组合键，建立剪切蒙版，效果如图 11-73 所示。

图 11-71　　　　　　　　　　图 11-72　　　　　　　　　　图 11-73

（4）选择"文字"工具 T，在适当的位置分别输入需要的文字。选择"选择"工具 ▶，在属性栏中分别选择合适的字体并设置文字大小，填充文字为白色，效果如图 11-74 所示。

（5）选择"文字"工具 T，在适当的位置按住鼠标左键不放，拖曳出一个带有选中文本的文本框，如图 11-75 所示，重新输入需要的文字。选择"选择"工具 ▶，在属性栏中选择合适的字体并设置文字大小，填充文字为白色，效果如图 11-76 所示。

（6）在"字符"控制面板中，将"设置所选字符的字距调整" Ⅷ 选项设为 40，其他选项的设置如图 11-77 所示。按 Enter 键确定操作，效果如图 11-78 所示。

（7）在"段落"控制面板中，将"首行左缩进" ▪≣ 选项设为 20 pt，其他选项的设置如图 11-79 所示。按 Enter 键确定操作，效果如图 11-80 所示。

（8）选择"直线段"工具 ╱，按住 Shift 键的同时，在适当的位置绘制一条横线，填充描边为白色，效果如图 11-81 所示。

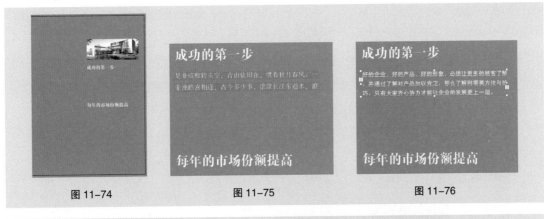

图 11-74　　　　　　　　图 11-75　　　　　　　　图 11-76

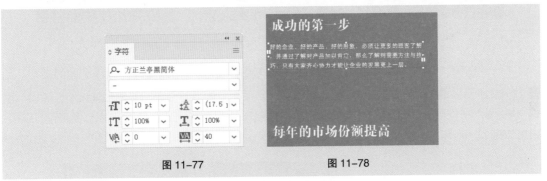

图 11-77　　　　　　　　图 11-78

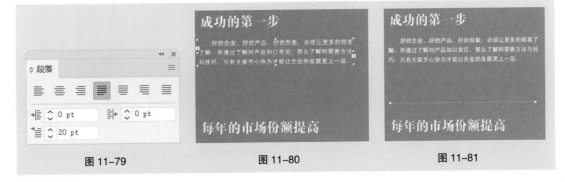

图 11-79　　　　　　　　图 11-80　　　　　　　　图 11-81

（9）选择"雷达图"工具，在页面中单击鼠标左键，弹出"图表"对话框，设置如图 11-82 所示。单击"确定"按钮，弹出"图表数据"对话框，输入需要的数据，如图 11-83 所示。输入完成后，单击"应用"按钮，关闭"图表数据"对话框。将建立的雷达图表拖曳到页面中适当的位置，效果如图 11-84 所示。

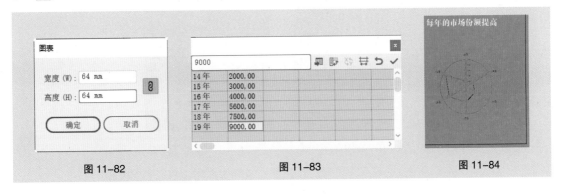

图 11-82　　　　　　　　图 11-83　　　　　　　　图 11-84

（10）选择"编组选择"工具 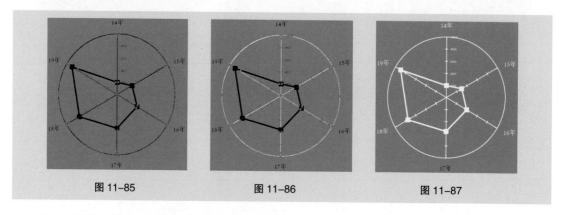，按住 Shift 键的同时，依次单击选取需要的线条和刻度线，如图 11-85 所示。填充描边为白色，效果如图 11-86 所示。用相同的方法分别设置其他图形的填充色和描边色，效果如图 11-87 所示。

图 11-85　　　　　　　　图 11-86　　　　　　　　图 11-87

（11）选择"窗口 > 符号库 > 箭头"命令，弹出"箭头"控制面板，选择需要的箭头，如图 11-88 所示。选择"选择"工具 ，拖曳符号到页面中适当的位置，并调整其大小，效果如图 11-89 所示。在符号上单击鼠标右键，在弹出的下拉列表中选择"断开符号链接"命令，断开符号链接，效果如图 11-90 所示。

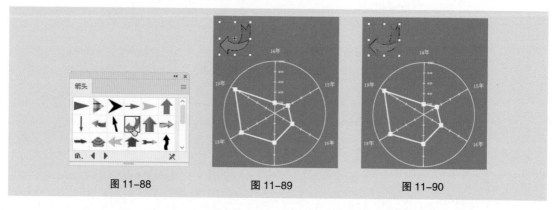

图 11-88　　　　　　　图 11-89　　　　　　　图 11-90

（12）填充符号图形为白色，效果如图 11-91 所示。设置描边色为铅灰色（其 C、M、Y、K 的值分别为 40、40、34、0），填充符号描边，效果如图 11-92 所示。

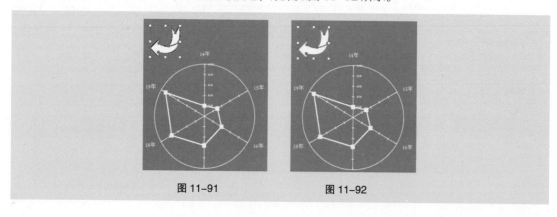

图 11-91　　　　　　　图 11-92

（13）在"变换"控制面板中，将"旋转"选项设为 180°，如图 11-93 所示。按 Enter 键确定操作，效果如图 11-94 所示。

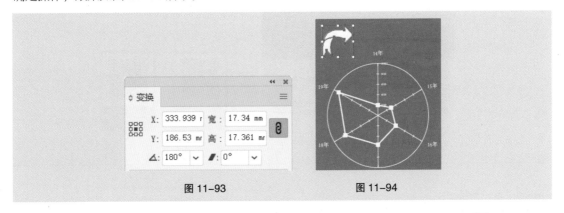

图 11-93 　　　　　　　　　　　　图 11-94

（14）选择"文字"工具 T，在符号右侧输入需要的文字。选择"选择"工具 ▶，在属性栏中选择合适的字体并设置文字大小，填充文字为白色，效果如图 11-95 所示。房地产画册内页 1 制作完成，效果如图 11-96 所示。

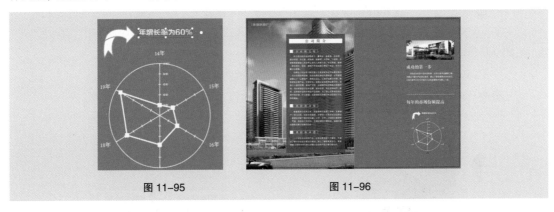

图 11-95 　　　　　　　　　　　　图 11-96

（15）按 Ctrl+S 组合键，弹出"存储为"对话框，将文件命名为"房地产画册内页 1 设计"，保存为 AI 格式。单击"保存"按钮，将文件保存。

11.3　课堂练习——房地产画册内页 2 设计

【练习知识要点】在 Illustrator 中，使用"置入"命令、"矩形"工具和"剪切蒙版"命令制作图片蒙版效果，使用"文字"工具、"字符"控制面板和"字形"命令添加内页宣传文字，使用"文字"工具、"制表符"控制面板制作图表文字，使用"直线段"工具、"描边"控制面板和"复制"命令制作图表。

【效果所在位置】云盘 /Ch11/ 效果 / 房地产画册内页 2 设计 .ai。

房地产画册内页 2 设计效果如图 11-97 所示。

图 11-97

11.4 课后习题——房地产画册内页 3 设计

【习题知识要点】在 Illustrator 中，使用"文字"工具和"字符"控制面板添加标题和介绍文字，使用"置入"命令、"矩形"工具、"剪切蒙版"命令添加宣传图片，使用"直线段"工具绘制装饰线条。

【效果所在位置】云盘 /Ch11/ 效果 / 房地产画册内页 3 设计 .ai。

房地产画册内页 3 设计效果如图 11-98 所示。

图 11-98

第12章

包装设计

12

▶ 本章介绍

　　包装不仅可以起到保护、美化商品及传达商品信息的作用，还能体现商品的品牌形象。优秀的包装设计可以让商品在同类产品中脱颖而出，吸引消费者的注意力并引发其购买行为。本章以苏打饼干包装设计为例，讲解包装的设计方法和制作技巧。

包装设计

学习目标

● 了解包装的设计思路和过程。
● 掌握包装的制作方法和技巧。

技能目标

● 掌握苏打饼干包装的制作方法。
● 掌握蓝莓口香糖包装的制作方法。
● 掌握奶粉包装的制作方法。

【案例学习目标】在 Illustrator 中，学习使用参考线分割页面，使用绘图工具、"变换"控制面板、"添加锚点"工具、"直接选择"工具和"渐变"工具制作包装平面展开图，使用"文字"工具、"字符"控制面板、"倾斜"工具和"填充"工具添加产品名称和包装相关信息；在 Photoshop 中，学习使用"变换"命令和"模糊滤镜"命令制作包装广告效果。

【案例知识要点】在 Illustrator 中，使用"导入"命令添加产品图片，使用"投影"命令为产品图片添加阴影效果，使用"矩形"工具、"渐变"工具、"变换"控制面板、"镜像"工具、"添加锚点"工具和"直接选择"工具制作包装平面展开图，使用"文字"工具、"倾斜"工具和"填充"工具添加产品名称，使用"文字"工具、"字符"控制面板、"矩形"工具和"直线段"工具添加营养成分表和包装其他信息；在 Photoshop 中，使用"矩形选框"工具、"移动"工具和"变换"命令添加包装正面、顶面和侧面，使用"高斯模糊"命令为包装添加阴影效果。

【效果所在位置】云盘 /Ch12/ 效果 / 苏打饼干包装设计 / 苏打饼干包装平面展开图 .ai、苏打饼干包装广告效果 .psd。

苏打饼干包装设计效果如图 12-1 所示。

图 12-1

苏打饼干包装设计 1

苏打饼干包装设计 2

苏打饼干包装设计 3

苏打饼干包装设计 4

12.1.1 绘制包装平面展开图

（1）打开 Illustrator CC 2019，按 Ctrl+N 组合键，弹出"新建文档"对话框。设置文档的宽度为 234 mm，高度为 268 mm，取向为纵向，颜色模式为 CMYK。设置完单击"创建"按钮，新建一个文件。

（2）按 Ctrl+R 组合键，显示标尺。选择"选择"工具 ▶，在上方标尺上向下拖曳一条水平参考线。选择"窗口 > 变换"命令，弹出"变换"控制面板，将"Y"轴选项设为 3 mm，如图 12-2 所示。按 Enter 键确定操作，如图 12-3 所示。使用相同的方法，分别在 41 mm、44 mm、134 mm、137 mm、175 mm、178 mm 处新建一条水平参考线，如图 12-4 所示。

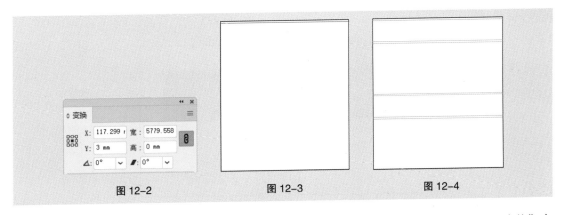

图 12-2　　　　　　　　图 12-3　　　　　　　　图 12-4

（3）使用"选择"工具 ▶，在左侧标尺上向右拖曳一条垂直参考线。选择"窗口 > 变换"命令，弹出"变换"控制面板，将"X"轴选项设为 17 mm，如图 12-5 所示。按 Enter 键确定操作，如图 12-6 所示。使用相同的方法，分别在 39 mm、42 mm、192 mm、195 mm、217 mm 处新建一条垂直参考线，如图 12-7 所示。

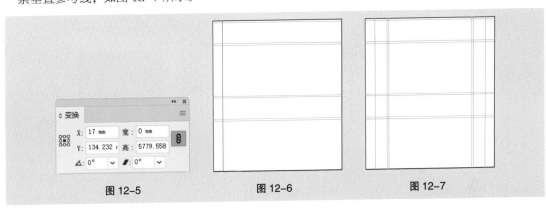

图 12-5　　　　　　　　图 12-6　　　　　　　　图 12-7

（4）选择"矩形"工具 ▣，在页面中绘制一个矩形，如图 12-8 所示。双击"渐变"工具 ▣，弹出"渐变"控制面板。选择"径向渐变"按钮 ▣，在色带上设置 3 个渐变滑块，分别将渐变滑块的位置设为 16、53、100，并设置 CMYK 的值分别为 16（0、12、58、0）、53（0、35、90、0）、100（0、60、88、0），其他选项的设置如图 12-9 所示。图形被填充为渐变色，效果如图 12-10 所示。

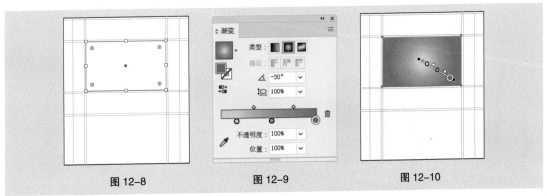

图 12-8　　　　　　　　图 12-9　　　　　　　　图 12-10

（5）选择"渐变"工具 ▣，将鼠标指针放置在渐变虚线环左侧的缩放点上，指针变为 ↖ 图标，如图 12-11 所示。单击并按住鼠标左键，拖曳缩放点到适当的位置。松开鼠标后，调整渐变虚线环的大小，效果如图 12-12 所示。

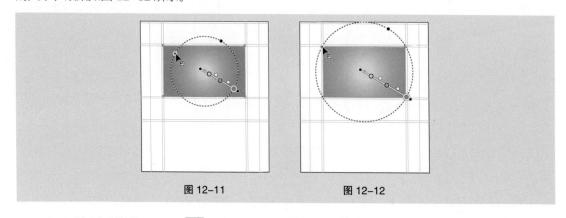

图 12-11   图 12-12

（6）使用"渐变"工具 ，将鼠标指针放置在渐变的起点处，指针变为 图标，如图 12-13 所示。单击并按住鼠标左键，拖曳起点到适当的位置。松开鼠标后，调整渐变色，效果如图 12-14 所示。选择"选择"工具 ，设置描边色为无，效果如图 12-15 所示。

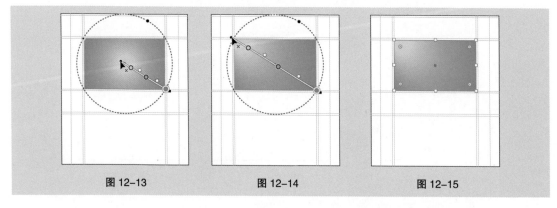

图 12-13   图 12-14   图 12-15

（7）选择"矩形"工具 ，在适当的位置绘制一个矩形，设置填充色为橘黄色（其 C、M、Y、K 的值分别为 0、35、90、0），填充图形，并设置描边色为无，效果如图 12-16 所示。

（8）选择"窗口 > 变换"命令，弹出"变换"控制面板。在"矩形属性："选项组中，将"圆角半径"选项设为 4 mm 和 0 mm，如图 12-17 所示。按 Enter 键确定操作，效果如图 12-18 所示。

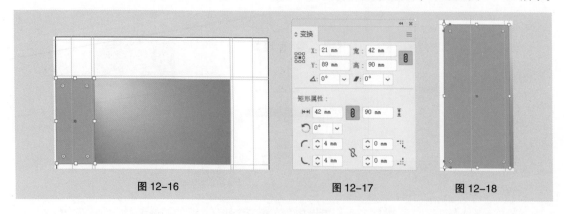

图 12-16   图 12-17   图 12-18

（9）选择"直接选择"工具 ，用框选的方法将圆角矩形左上角的锚点同时选取，如

图 12-19 所示。按 Shift+↓组合键，水平向下移动锚点到适当的位置，如图 12-20 所示。用相同的方法调整左下角的锚点，效果如图 12-21 所示。

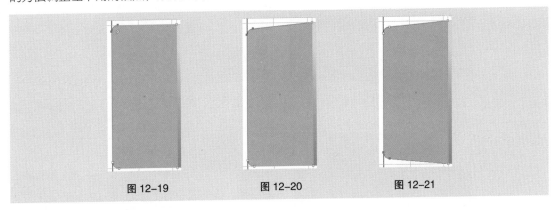

图 12-19　　　　　　　　图 12-20　　　　　　　　图 12-21

（10）选择"选择"工具 ，选取图形。双击"镜像"工具 ，弹出"镜像"对话框，选项的设置如图 12-22 所示。单击"复制"按钮，镜像并复制图形，效果如图 12-23 所示。

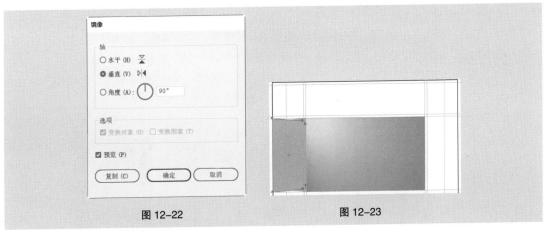

图 12-22　　　　　　　　　　　　图 12-23

（11）选择"选择"工具 ，按住 Shift 键的同时，水平向右拖曳复制的图形到适当的位置，效果如图 12-24 所示。选择"矩形"工具 ，在适当的位置绘制一个矩形，如图 12-25 所示。

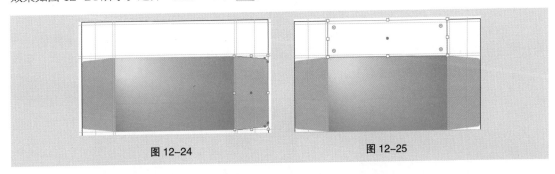

图 12-24　　　　　　　　　　图 12-25

（12）选择"吸管"工具 ，将吸管 图标放置在下方渐变矩形上，如图 12-26 所示。单击鼠标左键吸取属性，如图 12-27 所示。

（13）选择"渐变"工具 ，将鼠标指针放置在渐变的终点处，指针变为 图标，如图 12-28 所示。单击并按住鼠标左键，拖曳终点到适当的位置。松开鼠标后，调整渐变色，效果如图 12-29 所示。

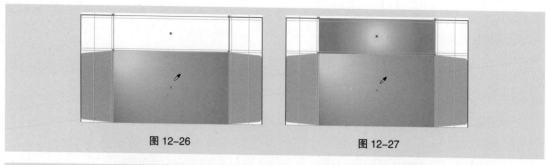

图 12-26　　　　　　　　　　　　　　图 12-27

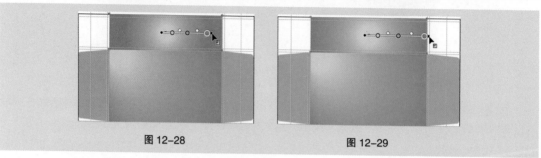

图 12-28　　　　　　　　　　　　　　图 12-29

（14）选择"矩形"工具 ▢，在适当的位置绘制一个矩形，设置填充色为橘黄色（其 C、M、Y、K 的值分别为 0、35、90、0），填充图形，并设置描边色为无，效果如图 12-30 所示。

（15）在"变换"控制面板中，在"矩形属性："选项组中，将"圆角半径"选项设为 2 mm 和 0 mm，如图 12-31 所示。按 Enter 键确定操作，效果如图 12-32 所示。

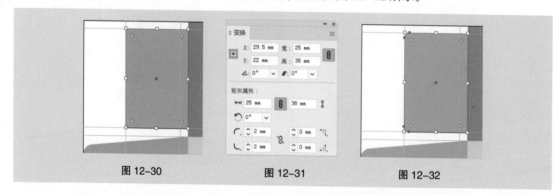

图 12-30　　　　　　　　　　图 12-31　　　　　　　　　　图 12-32

（16）选择"添加锚点"工具 ✒，在适当的位置分别单击鼠标左键，添加 2 个锚点，如图 12-33 所示。选择"直接选择"工具 ▷，选中并向下拖曳右下角的锚点到适当的位置，如图 12-34 所示。用相同的方法调整右上角的锚点，效果如图 12-35 所示。

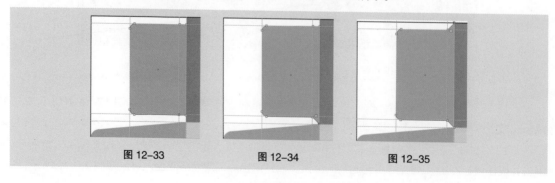

图 12-33　　　　　　　　　　图 12-34　　　　　　　　　　图 12-35

（17）选择"选择"工具 ▶，选取图形。双击"镜像"工具 ▷◁，弹出"镜像"对话框，选项的设置如图 12-36 所示。单击"复制"按钮，镜像并复制图形，效果如图 12-37 所示。

（18）选择"选择"工具 ▶，按住 Shift 键的同时，水平向右拖曳复制的图形到适当的位置，效果如图 12-38 所示。

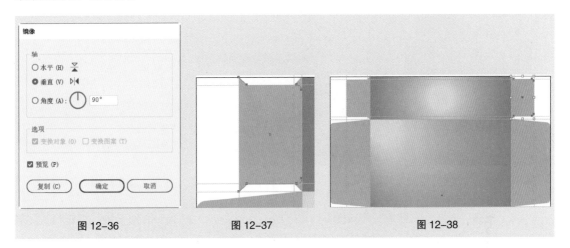

图 12-36   图 12-37   图 12-38

（19）用框选的方法将所绘制的图形同时选取，如图 12-39 所示。按住 Alt+Shift 组合键的同时，垂直向下拖曳图形到适当的位置，复制图形，效果如图 12-40 所示。

（20）选择"矩形"工具 ▢，在适当的位置绘制一个矩形，填充图形为白色，并设置描边色为无，效果如图 12-41 所示。选择"选择"工具 ▶，按住 Alt+Shift 组合键的同时，水平向右拖曳矩形到适当的位置，复制矩形，效果如图 12-42 所示。

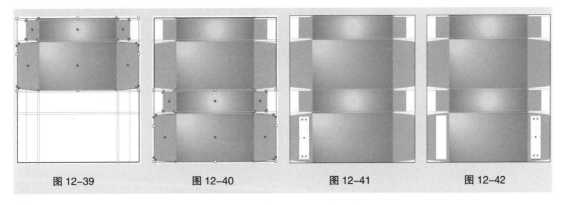

图 12-39   图 12-40   图 12-41   图 12-42

12.1.2 制作产品正面和侧面

（1）选择"文件 > 置入"命令，弹出"置入"对话框。选择云盘中的"Ch12 > 素材 > 苏打饼干包装设计 > 01"文件，单击"置入"按钮，在页面中单击置入图片。单击属性栏中的"嵌入"按钮，嵌入图片。选择"选择"工具 ▶，拖曳图片到适当的位置，效果如图 12-43 所示。

（2）选择"文字"工具 T，在页面中输入需要的文字。选择"选择"工具 ▶，在属性栏中选择合适的字体并设置文字大小。设置填充色为红色（其 C、M、Y、K 的值分别为 17、99、100、0），填充文字，效果如图 12-44 所示。

（3）双击"倾斜"工具，弹出"倾斜"对话框，选择"垂直"单选按钮，其他选项的设置如图 12-45 所示。单击"确定"按钮，倾斜文字，效果如图 12-46 所示。

图 12-43　　　　　　　　图 12-44　　　　　　　　图 12-45

（4）选择"选择"工具，按 Ctrl+C 组合键，复制文字。按 Ctrl+B 组合键，将复制的文字粘贴在后面。分别按←键和↓键微调文字到适当的位置，填充文字为白色，效果如图 12-47 所示。用相同的方法再复制一组文字到适当的位置，并填充相应的颜色，效果如图 12-48 所示。

图 12-46　　　　　　　　图 12-47　　　　　　　　图 12-48

（5）选择"文字"工具，在适当的位置输入需要的文字。选择"选择"工具，在属性栏中选择合适的字体并设置文字大小，效果如图 12-49 所示。在属性栏中单击"居中对齐"按钮，并微调文字到适当的位置，效果如图 12-50 所示。

（6）保持文字的选取状态。设置填充色为暗绿色（其 C、M、Y、K 的值分别为 100、55、100、35），填充文字，效果如图 12-51 所示。选择"文字"工具，选取文字"美丽的一天"，设置填充色为暗红色（其 C、M、Y、K 的值分别为 55、86、100、38），填充文字，效果如图 12-52 所示。

图 12-49　　　　　　　　图 12-50　　　　　　　　图 12-51

（7）双击"倾斜"工具 ，弹出"倾斜"对话框。选择"垂直"单选按钮，其他选项的设置如图 12-53 所示。单击"确定"按钮，倾斜文字，效果如图 12-54 所示。

图 12-52   图 12-53   图 12-54

（8）选择"文字"工具 T，在适当的位置输入需要的文字。选择"选择"工具 ▶，在属性栏中选择合适的字体并设置文字大小，填充文字为白色，效果如图 12-55 所示。

（9）在属性栏中单击"右对齐"按钮 ≡，并微调文字到适当的位置，效果如图 12-56 所示。选择"文字"工具 T，选取文字"图片仅供参考"，在属性栏中设置文字大小，效果如图 12-57 所示。

图 12-55   图 12-56   图 12-57

（10）选择"矩形"工具 □，在适当的位置绘制一个矩形，如图 12-58 所示。填充描边为白色，并在属性栏中将"描边粗细"选项设置为 0.5 pt。按 Enter 键确定操作，效果如图 12-59 所示。

（11）在"变换"控制面板的"矩形属性："选项组中，将"圆角半径"选项均设为 2.5 mm，如图 12-60 所示。按 Enter 键确定操作，效果如图 12-61 所示。

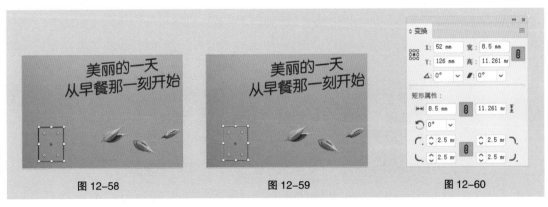

图 12-58   图 12-59   图 12-60

（12）选择"对象 > 变换 > 缩放"命令，在弹出的"比例缩放"对话框中进行设置，如图 12-62 所示。单击"复制"按钮，缩小并复制圆角矩形，效果如图 12-63 所示。按 Shift+X 组合键，互换填充色和描边色，效果如图 12-64 所示。

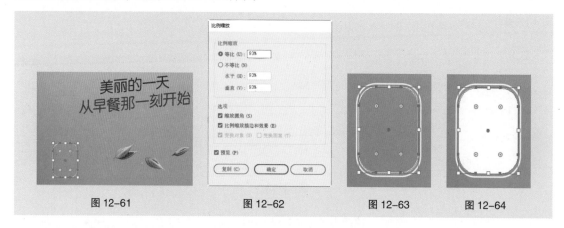

图 12-61   图 12-62   图 12-63   图 12-64

（13）选择"椭圆"工具◯，在适当的位置绘制一个椭圆形，如图 12-65 所示。选择"选择"工具▶，按住 Shift 键的同时，单击下方白色圆角矩形将其同时选取，如图 12-66 所示。

（14）选择"窗口 > 路径查找器"命令，弹出"路径查找器"控制面板，单击"减去顶层"按钮▢，如图 12-67 所示。新生成的对象如图 12-68 所示。

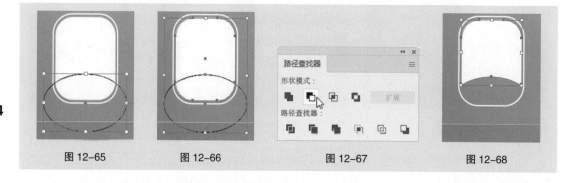

图 12-65   图 12-66   图 12-67   图 12-68

（15）选择"文字"工具T，在适当的位置分别输入需要的文字。选择"选择"工具▶，在属性栏中分别选择合适的字体并设置文字大小。单击"左对齐"按钮≡，微调文字到适当的位置，效果如图 12-69 所示。

（16）选取文字"每份 18.5 克"，填充文字为白色，效果如图 12-70 所示。选取文字"能量 383 千焦"，在属性栏中单击"居中对齐"按钮≡，并微调文字到适当的位置，效果如图 12-71 所示。

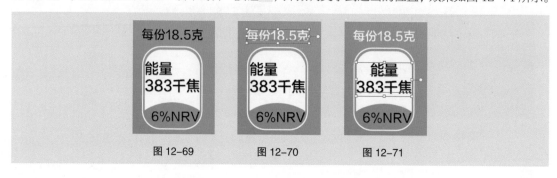

图 12-69   图 12-70   图 12-71

（17）保持文字的选取状态。设置填充色为橘黄色（其 C、M、Y、K 的值分别为 0、62、100、0），填充文字，效果如图 12-72 所示。按 Ctrl+T 组合键，弹出"字符"控制面板，将"水平缩放"🔲选项设为 87%，其他选项的设置如图 12-73 所示。按 Enter 键确定操作，效果如图 12-74 所示。

图 12-72　　　　　　　图 12-73　　　　　　　图 12-74

（18）选取文字"6%NRV"，填充文字为白色。在"字符"控制面板中将"水平缩放"🔲选项设为 87%，其他选项的设置如图 12-75 所示。按 Enter 键确定操作，效果如图 12-76 所示。

图 12-75　　　　　　　　　图 12-76

（19）按 Ctrl+O 组合键，打开云盘中的"Ch12 > 素材 > 苏打饼干包装设计 > 02"文件。选择"选择"工具▶，选取需要的图形，按 Ctrl+C 组合键，复制图形。选择正在编辑的页面，按 Ctrl+V 组合键，将其粘贴到页面中，并拖曳复制的图形到适当的位置，效果如图 12-77 所示。

（20）双击"旋转"工具🔄，弹出"旋转"对话框，选项的设置如图 12-78 所示。单击"复制"按钮，旋转并复制图形，效果如图 12-79 所示。

图 12-77　　　　　　　　图 12-78　　　　　　　　图 12-79

（21）选择"选择"工具▶，向左拖曳复制的图形到左侧面适当的位置，效果如图 12-80 所示。双击"旋转"工具🔄，弹出"旋转"对话框，选项的设置如图 12-81 所示。单击"复制"按钮，旋转并复制图形，效果如图 12-82 所示。

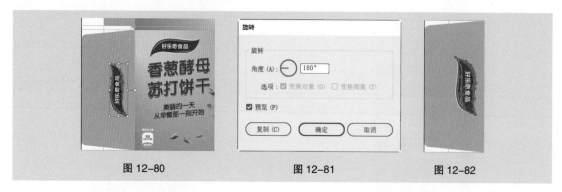

图 12-80　　　　　　　　　　　图 12-81　　　　　　　　　　图 12-82

（22）选择"选择"工具，按住 Shift 键的同时，水平向右拖曳复制的图形到右侧面适当的位置，效果如图 12-83 所示。

图 12-83

（23）选择"钢笔"工具，在适当的位置绘制一个不规则图形，如图 12-84 所示。双击"渐变"工具，弹出"渐变"控制面板。选择"线性渐变"按钮，在色带上设置两个渐变滑块，分别将渐变滑块的位置设为 0、100，并设置 C、M、Y、K 的值分别为 0（0、35、90、0）、100（17、99、100、0），其他选项的设置如图 12-85 所示。图形被填充为渐变色，设置描边色为无，效果如图 12-86 所示。

图 12-84　　　　　　　　　　　图 12-85　　　　　　　　　　图 12-86

（24）选择"钢笔"工具，在适当的位置绘制一条曲线，如图 12-87 所示。选择"路径文字"工具，单击"左对齐"按钮，在曲线路径上单击鼠标左键，出现一个带有选中文本的文本区域，如图 12-88 所示；输入需要的文字。选择"选择"工具，在属性栏中选择合适的字体并设置文字大小，填充文字为白色，效果如图 12-89 所示。

图 12-87   图 12-88   图 12-89

12.1.3 制作包装顶面和底面

（1）选择"文件 > 置入"命令，弹出"置入"对话框。选择云盘中的"Ch12 > 素材 > 苏打饼干包装设计 > 03"文件，单击"置入"按钮，在页面中单击置入图片。单击属性栏中的"嵌入"按钮，嵌入图片。选择"选择"工具 ▶，拖曳图片到适当的位置，效果如图 12-90 所示。

（2）选择"效果 > 风格化 > 投影"命令，在弹出的"投影"对话框中进行设置，如图 12-91 所示。单击"确定"按钮，效果如图 12-92 所示。

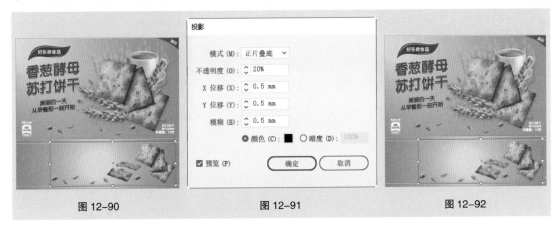

图 12-90   图 12-91   图 12-92

（3）选择"选择"工具 ▶，按住 Shift 键的同时，在包装正面中依次单击需要的文字。按 Ctrl+G 组合键，将选中的文字编组，如图 12-93 所示。按住 Alt 键的同时，向下拖曳编组文字到适当的位置，复制文字，并调整其大小，效果如图 12-94 所示。

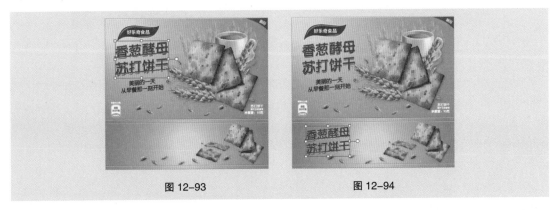

图 12-93   图 12-94

（4）选择"文字"工具 T，在适当的位置输入需要的文字。选择"选择"工具 ▶，在属性栏中选择合适的字体并设置文字大小，效果如图 12-95 所示。设置填充色为暗绿色（其 C、M、Y、K 的值分别为 100、55、100、35），填充文字，效果如图 12-96 所示。

图 12-95　　　　　　　　　　　　　　　　　图 12-96

（5）选择"文字"工具 T，在顶面中输入需要的文字。选择"选择"工具 ，在属性栏中选择合适的字体并设置文字大小，填充文字为白色，效果如图 12-97 所示。

（6）在"字符"控制面板中将"设置行距" 选项设为 8 pt，其他选项的设置如图 12-98 所示。按 Enter 键确定操作，效果如图 12-99 所示。

图 12-97　　　　　　　　　图 12-98　　　　　　　　　图 12-99

（7）用相同的方法分别输入其他白色文字，效果如图 12-100 所示。

图 12-100

（8）选择"矩形"工具 ，在适当的位置绘制一个矩形，填充描边为白色，并在属性栏中将"描边粗细"选项设置为 0.5 pt。按 Enter 键确定操作，效果如图 12-101 所示。

（9）选择"直线段"工具 ，按住 Shift 键的同时，在适当的位置绘制一条直线。填充描边为白色，并在属性栏中将"描边粗细"选项设置为 0.5 pt。按 Enter 键确定操作，效果如图 12-102 所示。

（10）选择"选择"工具 ，按住 Shift 键的同时，在包装正面中依次单击需要的图片和文字，如图 12-103 所示。按住 Alt+Shift 组合键的同时，垂直向下拖曳图片和文字到适当的位置，复制图片和文字，效果如图 12-104 所示。

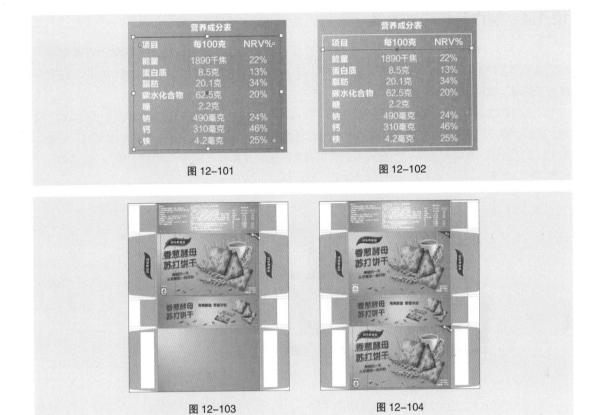

图 12-101

图 12-102

图 12-103

图 12-104

（11）选择"选择"工具 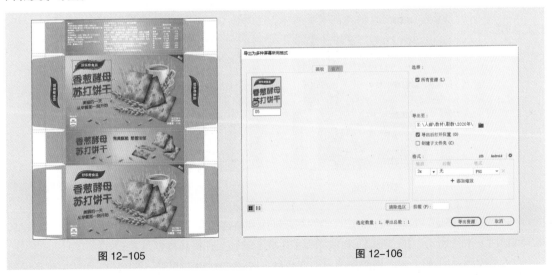，按住 Shift 键的同时，在包装正面中选取需要的图片和文字，如图 12-105 所示。选择"文件 > 导出所选项目"命令，弹出"导出为多种屏幕所用格式"对话框。将文件命名为"05"，保存为 PNG 格式，如图 12-106 所示。单击"导出资源"按钮，将选中的图片和文字导出。

图 12-105

图 12-106

（12）苏打饼干包装平面展开图制作完成。按 Ctrl+S 组合键，弹出"存储为"对话框，将文件命名为"苏打饼干包装平面展开图"，保存为 AI 格式。单击"保存"按钮，将文件保存。

12.1.4　制作包装广告效果

（1）打开 Photoshop CC 2019，按 Ctrl+N 组合键，弹出"新建文档"对话框。设置宽度为29.7 cm，高度为 18.5 cm，分辨率为 150 像素 / 英寸，颜色模式为 RGB，背景内容为白色。设置完单击"创建"按钮，新建一个文件。

（2）按 Ctrl+O 组合键，打开云盘中的"Ch12 > 素材 > 苏打饼干包装设计 > 04、05"文件。选择"移动"工具，分别将图片拖曳到新建图像窗口中适当的位置，并调整其大小，效果如图 12-107 所示。在"图层"控制面板中分别生成新的图层并将其命名为"图片"和"产品名称"，如图 12-108 所示。

图 12-107　　　　　　　　　　图 12-108

（3）按 Ctrl+O 组合键，打开云盘中的"Ch12 > 效果 > 苏打饼干包装设计 > 苏打饼干包装平面展开图 .ai"文件。单击"打开"按钮，弹出"导入 PDF"对话框，单击"确定"按钮，打开图像，如图 12-109 所示。选择"矩形选框"工具，在包装平面展开图中绘制出需要的选区，如图 12-110 所示。

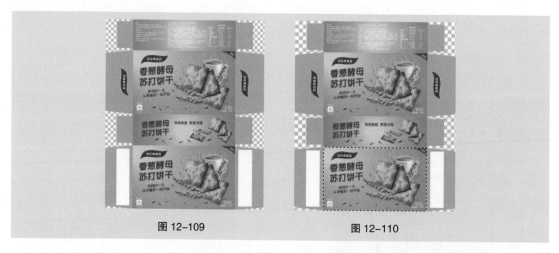

图 12-109　　　　　　　　　　图 12-110

（4）选择"移动"工具，将选区中的图像拖曳到新建图像窗口中适当的位置，并调整其大小，效果如图 12-111 所示。在"图层"控制面板中生成新的图层并将其命名为"正面"。

（5）按 Ctrl+T 组合键，图像周围出现变换框。按住 Ctrl 键的同时，拖曳右下角的控制手柄到适当的位置，如图 12-112 所示。用相同的方法拖曳右上角的控制手柄到适当的位置，如图 12-113所示。按 Enter 键确定操作，效果如图 12-114 所示。

图 12-111

图 12-112

图 12-113

图 12-114

（6）用相同的方法制作"顶面"效果，如图 12-115 所示。选择"多边形套索"工具 ，在图像窗口中沿着正面和顶面边缘拖曳鼠标绘制选区，效果如图 12-116 所示。

图 12-115

图 12-116

（7）新建图层并将其命名为"色块"。将前景色设为土黄色（其 R、G、B 的值分别为 218、158、17），按 Alt+Delete 组合键，用前景色填充选区，效果如图 12-117 所示。按 Ctrl+D 组合键，取消选区，效果如图 12-118 所示。

图 12-117

图 12-118

（8）选择"苏打饼干包装平面展开图"文件。选择"矩形选框"工具 ▣，在包装平面展开图中绘制出需要的选区，如图 12-119 所示。选择"移动"工具 ✛，将选区中的图像拖曳到新建图像窗口中适当的位置，并调整其大小，效果如图 12-120 所示。在"图层"控制面板中生成新的图层并将其命名为"侧面"。

图 12-119　　　　　　　　　　　　　　　图 12-120

（9）按 Ctrl+T 组合键，图像周围出现变换框。按住 Ctrl 键的同时，拖曳左上角的控制手柄到适当的位置，如图 12-121 所示。用相同的方法拖曳左下角的控制手柄到适当的位置，如图 12-122 所示。按 Enter 键确定操作，效果如图 12-123 所示。

图 12-121　　　　　　　　图 12-122　　　　　　　　图 12-123

（10）新建图层并将其命名为"阴影"。将前景色设为暗红色（其 R、G、B 的值分别为 107、26、0）。选择"钢笔"工具 ✐，在属性栏的"选择工具模式"选项中选择"路径"，在图像窗口中绘制路径，如图 12-124 所示。按 Ctrl+Enter 组合键，将路径转换为选区。按 Alt+Delete 组合键，用前景色填充选区。按 Ctrl+D 组合键，取消选区，效果如图 12-125 所示。

图 12-124　　　　　　　　　　　　　　　图 12-125

（11）选择"滤镜 > 模糊 > 高斯模糊"命令，在弹出的对话框中进行设置，如图 12-126 所示。单击"确定"按钮，效果如图 12-127 所示。

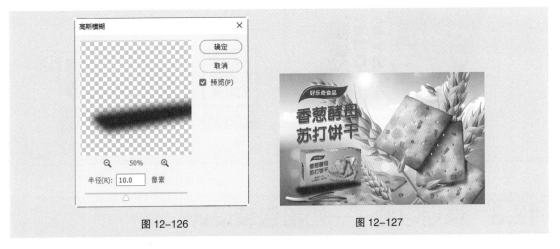

图 12-126　　　　　　　　　　　　图 12-127

（12）在"图层"控制面板中，将"阴影"图层拖曳到"正面"图层的下方，如图 12-128 所示。图像效果如图 12-129 所示。苏打饼干包装广告效果制作完成。

图 12-128　　　　　　　　　　　　图 12-129

12.2　课堂练习——蓝莓口香糖包装设计

【练习知识要点】在 Illustrator 中，使用"矩形"工具和"复制"命令制作平面背景，使用"置入"命令、"图像描摹"按钮和"扩展"命令描摹图片，使用"复制"命令、"编组"命令和"取消编组"命令编辑图片，使用"矩形"工具和"文字"工具制作宣传文字，使用"文字"工具和"字符"控制面板添加包装信息；在 Photoshop 中，使用"矩形"工具和"变换"命令制作背景，使用"钢笔"工具和"剪贴蒙版"命令制作包装外形，使用"矩形"工具、图层蒙版和"渐变"工具制作暗影，使用"复制"命令、图层混合模式和"不透明度"选项制作包装封口。

【效果所在位置】云盘 /Ch12/ 效果 / 蓝莓口香糖包装设计 / 蓝莓口香糖包装立体效果 .psd。蓝莓口香糖包装设计效果如图 12-130 所示。

蓝莓口香糖包装设计 1　蓝莓口香糖包装设计 2　蓝莓口香糖包装设计 3

图 12-130

12.3　课后习题——奶粉包装设计

【习题知识要点】在 Illustrator 中，使用"矩形"工具、"椭圆"工具、"路径查找器"面板和"渐变"工具绘制包装主体部分，使用"椭圆"工具、"直接选择"工具和"排列"命令绘制狮子和标签图形，使用"文本"工具、"字符"控制面板和"渐变"工具添加相关信息；在 Photoshop 中，使用"渐变"工具制作背景效果，使用"复制"命令、"变换"命令、图层蒙版、"渐变"工具制作倒影效果。

【效果所在位置】云盘 /Ch12/ 效果 / 奶粉包装设计 / 奶粉包装 .ai、奶粉包装广告效果 .psd。奶粉包装设计效果如图 12-131 所示。

图 12-131

奶粉包装设计 1　　奶粉包装设计 2　　奶粉包装设计 3　　奶粉包装设计 4

第 13 章

网页设计

▶ **本章介绍**

　　网页是构成网站的基本元素，是承载各种网站应用的平台。本章以生活家具类网页设计为例，讲解网页的设计方法和技巧。

学习目标

● 了解网页的设计思路和过程。

● 掌握网页的制作方法和技巧。

技能目标

● 掌握生活家具类网页的制作方法。

● 掌握教育咨询类网页的制作方法。

● 掌握电商类手机网页的制作方法。

13.1 生活家具类网页设计

【案例学习目标】在 Photoshop 中，学习使用绘图工具、"添加图层样式"按钮及"移动"工具制作生活家具类网页。

【案例知识要点】在 Photoshop 中，使用"移动"工具添加素材图片，使用"横排文字"工具、"字符"控制面板、"矩形"工具、"椭圆"工具制作 Banner 和导航条，使用"直线"工具、"渐变叠加"命令、"矩形"工具和"横排文字"工具制作网页内容和底部信息。

【效果所在位置】云盘 /Ch13/ 效果 / 生活家具类网页设计 .psd。

生活家具类网页设计效果如图 13-1 所示。

生活家具类
网页设计 1　　生活家具类
网页设计 2　　生活家具类
网页设计 3

图 13-1

13.1.1 制作 Banner 和导航条

（1）打开 Photoshop CC 2019，按 Ctrl+N 组合键，弹出"新建文档"对话框。设置宽度为 1 920 像素，高度为 3 174 像素，分辨率为 72 像素 / 英寸，颜色模式为 RGB，背景内容为白色。设置完单击"创建"按钮，新建一个文件。

（2）单击"图层"控制面板下方的"创建新组"按钮 ▢，生成新的图层组并将其命名为"Banner"。选择"矩形"工具 ▢，在属性栏的"选择工具模式"选项中选择"形状"，将填充色设为灰色（其 R、G、B 的值分别为 235、235、235），描边色设为无，在图像窗口中绘制一个矩形，效果如图 13-2 所示。在"图层"控制面板中生成新的形状图层"矩形 1"。

（3）按 Ctrl+O 组合键，打开云盘中的"Ch13 > 素材 > 生活家具类网页设计 > 01"文件。选择"移动"工具 ⊕，将图片拖曳到新建图像窗口中适当的位置，效果如图 13-3 所示。在"图层"控制面板中生成新的图层并将其命名为"窗户"。按 Ctrl+Alt+G 组合键，为"窗户"图层创建剪贴蒙版，图像效果如图 13-4 所示。

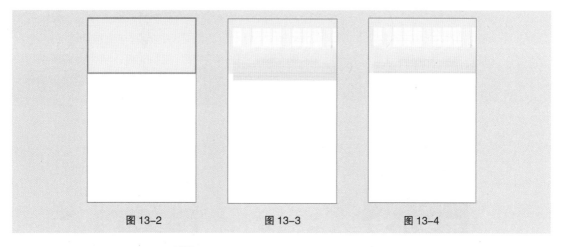

图 13-2　　　　　　　　　　图 13-3　　　　　　　　　　图 13-4

（4）选择"矩形"工具 ▢ ，在属性栏中将填充色设为棕色（其 R、G、B 的值分别为 76、50、33），描边色设为无，在图像窗口中绘制一个矩形，效果如图 13-5 所示。在"图层"控制面板中生成新的形状图层"矩形 2"。

（5）按 Ctrl+O 组合键，打开云盘中的"Ch13 > 素材 > 生活家具类网页设计 > 02、03"文件。选择"移动"工具 ✛ ，分别将图片拖曳到新建图像窗口中适当的位置，效果如图 13-6 所示。在"图层"控制面板中分别生成新的图层并将其命名为"书架"和"沙发"。

图 13-5　　　　　　　　　　　　　图 13-6

（6）选择"横排文字"工具 T. ，在适当的位置分别输入需要的文字并选取文字。在属性栏中分别选择合适的字体并设置文字大小，设置文本颜色为白色，效果如图 13-7 所示。在"图层"控制面板中生成新的文字图层。

（7）选择"矩形"工具 ▢ ，在属性栏中将填充色设为无，描边色设为白色，"描边宽度"选项设为 2 像素，在图像窗口中绘制一个矩形，效果如图 13-8 所示。在"图层"控制面板中生成新的形状图层并将其命名"白色框"。

图 13-7　　　　　　　　　　图 13-8

（8）选择"横排文字"工具 T.，在适当的位置分别输入需要的文字并选取文字。在属性栏中分别选择合适的字体并设置文字大小，效果如图 13-9 所示。在"图层"控制面板中生成新的文字图层。

（9）选取文字"立即购买"，按 Ctrl+T 组合键，弹出"字符"控制面板，将"设置所选字符的字距调整" VA 0 选项设置为 75，其他选项的设置如图 13-10 所示。按 Enter 键确定操作，效果如图 13-11 所示。

图 13-9   图 13-10   图 13-11

（10）选择"椭圆"工具 ○.，在属性栏中将填充色设为白色，描边色设为无，按住 Shift 键的同时，在图像窗口中绘制一个圆形，效果如图 13-12 所示。在"图层"控制面板中生成新的形状图层"椭圆 1"。

（11）按 Ctrl+J 组合键，复制"椭圆 1"图层，生成新的图层"椭圆 1 拷贝"。选择"路径选择"工具 ▶.，按住 Shift 键的同时，水平向右拖曳圆形到适当的位置。在属性栏中将填充色设为无，描边色设为白色，"描边宽度"选项设为 2 像素，效果如图 13-13 所示。

（12）按 Ctrl+J 组合键，复制"椭圆 1 拷贝"图层，生成新的图层"椭圆 1 拷贝 2"。选择"路径选择"工具 ▶.，按住 Shift 键的同时，水平向右拖曳圆形到适当的位置，效果如图 13-14 所示。单击"Banner"图层组左侧的三角形图标 ∨，将"Banner"图层组中的图层隐藏。

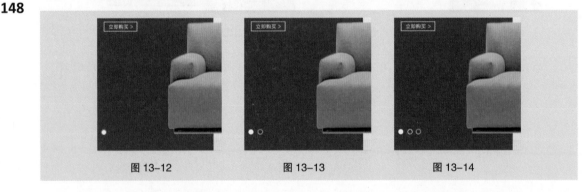

图 13-12   图 13-13   图 13-14

（13）单击"图层"控制面板下方的"创建新组"按钮 □，生成新的图层组并将其命名为"导航"。选择"横排文字"工具 T.，在适当的位置分别输入需要的文字并选取文字。在属性栏中分别选择合适的字体并设置文字大小，效果如图 13-15 所示。在"图层"控制面板中生成新的文字图层。

（14）选择"横排文字"工具 T.，在适当的位置输入需要的文字并选取文字。在属性栏中选择合适的字体并设置文字大小，设置文本颜色为黑色，效果如图 13-16 所示。在"图层"控制面板中生成新的文字图层。单击"导航"图层组左侧的三角形图标 ∨，将"导航"图层组中的图层隐藏。

图 13-15   图 13-16

13.1.2 制作网页内容

（1）单击"图层"控制面板下方的"创建新组"按钮 ▢ ，生成新的图层组并将其命名为"内容 1"。选择"横排文字"工具 **T.** ，在适当的位置输入需要的文字并选取文字。设置文本颜色为深灰色（其 R、G、B 的值分别为 33、33、33），在属性栏中选择合适的字体并设置文字大小，效果如图 13-17 所示。在"图层"控制面板中生成新的文字图层。

（2）选择"直线"工具 ∕. ，将填充色设为洋红色（其 R、G、B 的值分别为 255、124、124），"粗细"选项设为 4 像素，按住 Shift 键的同时，在图像窗口中绘制一条直线，效果如图 13-18 所示。在"图层"控制面板中生成新的形状图层"形状 1"。

图 13-17   图 13-18

（3）新建"组 1"图层组。选择"矩形"工具 ▢. ，在图像窗口中绘制一个矩形，效果如图 13-19 所示。在"图层"控制面板中生成新的形状图层"矩形 3"。

（4）单击"图层"控制面板下方的"添加图层样式"按钮 *fx.* ，在弹出的菜单中选择"渐变叠加"命令，弹出"渐变叠加"对话框。单击"点按可编辑渐变"按钮▬▬▬▬ʌ，弹出"渐变编辑器"对话框。将渐变颜色设为从浅棕色（其 R、G、B 的值分别为 142、101、71）到淡棕色（其 R、G、B 的值分别为 175、138、112），如图 13-20 所示。单击"确定"按钮，返回到"图层样式"对话框中进行设置，如图 13-21 所示。单击"确定"按钮，效果如图 13-22 所示。

（5）按 Ctrl+O 组合键，打开云盘中的"Ch13 > 素材 > 生活家具类网页设计 > 04"文件。选择"移动"工具 ✛. ，将图片拖曳到新建图像窗口中适当的位置，效果如图 13-23 所示。在"图层"控制面板中生成新的图层并将其命名为"单人椅"。

（6）选择"横排文字"工具 **T.** ，在适当的位置分别输入需要的文字并选取文字。在属性栏中分别选择合适的字体并设置文字大小，设置文本颜色为白色，效果如图 13-24 所示。在"图层"控制面板中生成新的文字图层。

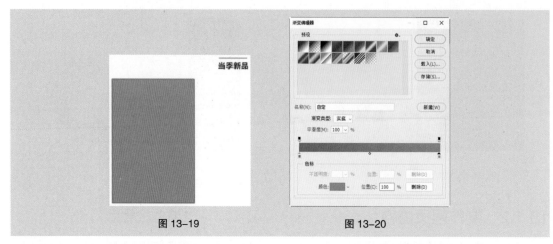

图 13-19   图 13-20

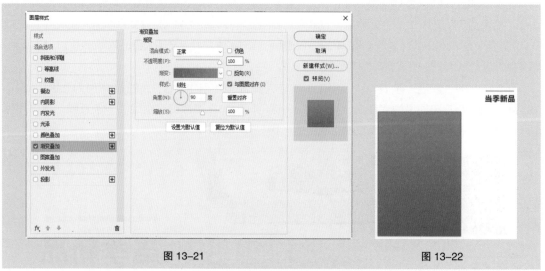

图 13-21   图 13-22

（7）选择"矩形"工具 □，在属性栏中将填充色设为白色，描边色设为无，在图像窗口中绘制一个矩形，效果如图 13-25 所示。在"图层"控制面板中生成新的形状图层"矩形 4"。

（8）选择"横排文字"工具 T，在适当的位置输入需要的文字并选取文字。在属性栏中选择合适的字体并设置文字大小，设置文本颜色为深灰色（其 R、G、B 的值分别为 33、33、33），效果如图 13-26 所示。在"图层"控制面板中生成新的文字图层。

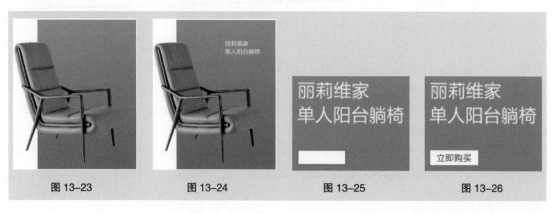

图 13-23   图 13-24   图 13-25   图 13-26

（9）单击"组 1"图层组左侧的三角形图标 ∨，将"组 1"图层组中的图层隐藏。使用相同的方法打开"05"～"12"素材图片，制作图 13-27 所示的效果。

图 13-27

13.1.3　制作底部信息

（1）单击"图层"控制面板下方的"创建新组"按钮 ▢，生成新的图层组并将其命名为"底部"。选择"矩形"工具 ▢，在属性栏中将填充色设为棕色（其 R、G、B 的值分别为 160、139、120），描边色设为无，在图像窗口中绘制一个矩形，效果如图 13-28 所示。在"图层"控制面板中生成新的形状图层"矩形 7"。

（2）按 Ctrl+O 组合键，打开云盘中的"Ch13 > 素材 > 生活家具类网页设计 > 13"文件。选择"移动"工具 ⊕，将图片拖曳到新建图像窗口中适当的位置，效果如图 13-29 所示。在"图层"控制面板中生成新的图层并将其命名为"坐椅"。

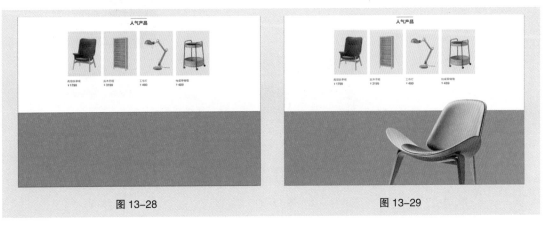

图 13-28　　　　　　　　　　　　　　　　图 13-29

（3）选择"横排文字"工具 **T.**，在适当的位置输入需要的文字并选取文字。在属性栏中选择合适的字体并设置文字大小，设置文本颜色为深棕色（其 R、G、B 的值分别为 67、46、31），效果如图 13-30 所示。在"图层"控制面板中生成新的文字图层。

图 13-30

（4）选择"直线"工具 **/.**，将填充色设为深棕色（其 R、G、B 的值分别为 67、46、31），"粗细"选项设为 4 像素，按住 Shift 键的同时，在图像窗口中绘制一条直线，效果如图 13-31 所示。在"图层"控制面板中生成新的形状图层"形状 2"。

（5）选择"横排文字"工具 **T.**，在适当的位置输入需要的文字并选取文字。在属性栏中选择合适的字体并设置文字大小，效果如图 13-32 所示。在"图层"控制面板中生成新的文字图层。

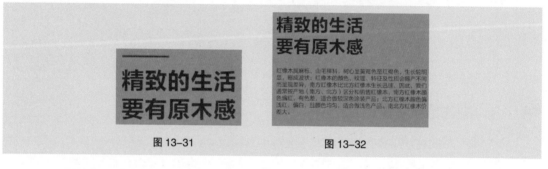

图 13-31 　　　　　　　　　　　　　　　图 13-32

（6）选取需要的文字，在"字符"控制面板中将"设置行距" 选项设置为 22 点，其他选项的设置如图 13-33 所示。按 Enter 键确定操作，效果如图 13-34 所示。

（7）单击"底部"图层组左侧的三角形图标 ，将"底部"图层组中的图层隐藏。至此，家具网站首页制作完成，效果如图 13-35 所示。

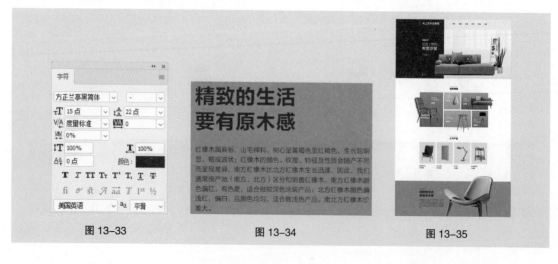

图 13-33 　　　　　　　　　　图 13-34 　　　　　　　　　　图 13-35

13.2 课堂练习——教育咨询类网页设计

【练习知识要点】在 Photoshop 中，使用"直线"工具和"创建剪贴蒙版"命令制作铅笔导航条，使用"横排文字"工具添加文字，使用"添加图层样式"按钮添加图形效果，使用"移动"工具添加栏目内容。

【效果所在位置】云盘 /Ch13/ 效果 / 教育咨询类网页设计 .psd。

教育咨询类网页设计效果如图 13-36 所示。

图 13-36

13.3 课后习题——电商类手机网页设计

【习题知识要点】在 Photoshop 中，使用"移动"工具、"添加图层蒙版"按钮、"渐变"工具制作产品展示区，使用"圆角矩形"工具、"多边形"工具和"添加图层样式"按钮制作头部和导航栏，使用"横排文字"工具、"字符"控制面板和"自定形状"工具制作宣传语和内容文字。

【效果所在位置】云盘 /Ch13/ 效果 / 电商类手机网页设计 .psd。

电商类手机网页设计效果如图 13-37 所示。

图 13-37

第 14 章

UI 设计

14

▶ **本章介绍**

　　UI（User Interface）设计，即用户界面设计，主要包括人机交互、操作逻辑和界面美观的整体设计。随着信息技术的高速发展，UI 的设计也越来越多样化。本章以社交类 App 界面设计为例，讲解 UI 的设计方法和制作技巧。

UI 设计

学习目标

- 了解 UI 的设计思路和过程。
- 掌握 UI 的制作方法和技巧。

技能目标

- 掌握社交类 App 闪屏页的制作方法。
- 掌握社交类 App 聊天页的制作方法。
- 掌握社交类 App 注册页的制作方法。
- 掌握社交类 App 通知页的制作方法。

14.1 社交类 App 闪屏页设计

【案例学习目标】在 Photoshop 中，学习使用"置入嵌入对象"命令、绘图工具、"添加图层样式"按钮制作社交类 App 闪屏页。

【案例知识要点】在 Photoshop 中，使用"置入嵌入对象"命令添加人物图片，使用"椭圆"工具、"描边"命令和"创建剪贴蒙版"命令制作头像框，使用"横排文字"工具、"字符"控制面板添加文字内容。

【效果所在位置】云盘 /Ch14/ 效果 / 社交类 App 闪屏页设计 .psd。

社交类 App 闪屏页设计效果如图 14-1 所示。

社交类 App
闪屏页设计 1

社交类 App
闪屏页设计 2

图 14-1

14.1.1 制作头像框

（1）打开 Photoshop CC 2019，按 Ctrl+N 组合键，弹出"新建文档"对话框。设置宽度为 750 像素，高度为 1 334 像素，分辨率为 72 像素 / 英寸，颜色模式为 RGB，背景内容为白色。设置完单击"创建"按钮，新建一个文件。

（2）选择"文件 > 置入嵌入对象"命令，弹出"置入嵌入的对象"对话框。选择云盘中的"Ch14 > 素材 > 社交类 App 闪屏页设计 > 01"文件，单击"置入"按钮，将图片置入到图像窗口中，并将其拖曳到适当的位置，按 Enter 键确定操作，效果如图 14-2 所示。在"图层"控制面板中生成新的图层并将其命名为"底图"。

（3）按 Ctrl+T 组合键，在图片周围出现变换框，拖曳右上角的控制手柄，调整图片的大小及其位置，按 Enter 键确定操作，效果如图 14-3 所示。

图 14-2   图 14-3

（4）选择"视图 > 新建参考线"命令，弹出"新建参考线"对话框，设置如图 14-4 所示。单击"确定"按钮，完成参考线的创建，如图 14-5 所示。

（5）选择"文件 > 置入嵌入对象"命令，弹出"置入嵌入的对象"对话框。选择云盘中的"Ch14 > 素材 > 社交类 App 闪屏页设计 > 02"文件，单击"置入"按钮，将图片置入到图像窗口中，并拖曳到适当的位置，按 Enter 键确定操作，效果如图 14-6 所示。在"图层"控制面板中生成新的图层并将其命名为"状态栏"。

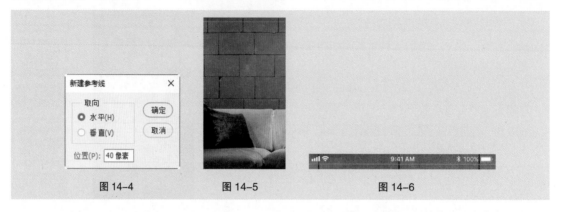

图 14-4　　　　　　　图 14-5　　　　　　　图 14-6

（6）将前景色设为白色。选择"横排文字"工具 T.，在适当的位置输入需要的文字并选取文字。在属性栏中选择合适的字体并设置文字大小，效果如图 14-7 所示。在"图层"控制面板中生成新的文字图层。

（7）选择"椭圆"工具 O.，在属性栏的"选择工具模式"选项中选择"形状"，将填充色设为白色，描边色设为无。按住 Shift 键的同时，在图像窗口中适当的位置绘制一个圆形，效果如图 14-8 所示。在"图层"控制面板中生成新的形状图层"椭圆 1"。

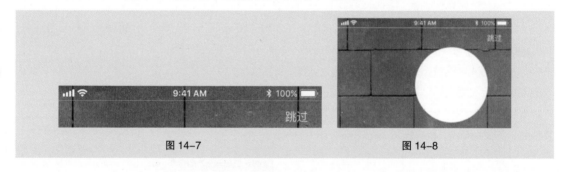

图 14-7　　　　　　　　　　　　　　　图 14-8

（8）单击"图层"控制面板下方的"添加图层样式"按钮 fx.，在弹出的菜单中选择"描边"命令，弹出"描边"对话框。在"填充类型"选项的下拉列表中选择"渐变"选项，单击"渐变"选项右侧的"点按可编辑渐变"按钮 ，弹出"渐变编辑器"对话框。在"位置"选项中分别输入 0、100 两个位置点，分别设置两个位置点颜色的 RGB 值为 0（254、72、49）、100（255、130、18），如图 14-9 所示，单击"确定"按钮。返回到"描边"对话框，其他选项的设置如图 14-10 所示。单击"确定"按钮，效果如图 14-11 所示。

（9）将"椭圆 1"图层拖曳到"图层"控制面板下方的"创建新图层"按钮 □ 上进行复制，生成新的形状图层"椭圆 1 拷贝"。按 Ctrl+T 组合键，在图形周围出现变换框。按住 Alt+Shift 组合键的同时，拖曳右上角的控制手柄等比例缩小图形，按 Enter 键确定操作。在"图层"控制面板中，双击"椭圆 1 拷贝"图层的缩览图，在弹出的对话框中将颜色设为黑色。单击"确定"按钮，删除"椭圆 1 拷贝"图层的图层样式，效果如图 14-12 所示。

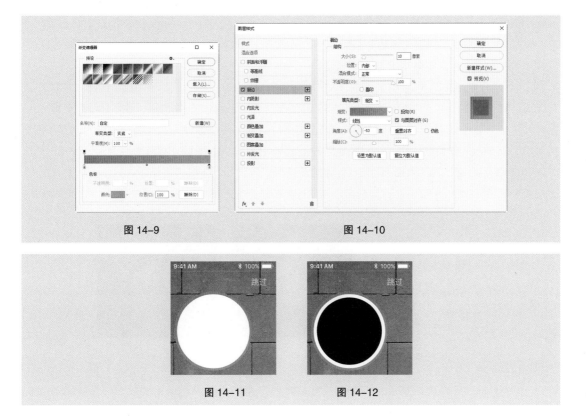

图 14-9 图 14-10

图 14-11 图 14-12

14.1.2 添加其他头像

（1）选择"文件 > 置入嵌入对象"命令，弹出"置入嵌入的对象"对话框。选择云盘中的"Ch14 > 素材 > 社交类 App 闪屏页设计 > 03"文件，单击"置入"按钮，将图片置入到图像窗口中，拖曳到适当的位置并调整其大小，按 Enter 键确定操作。在"图层"控制面板中生成新的图层并将其命名为"人物 1"。按 Alt+Ctrl+G 组合键，为"人物 1"图层创建剪贴蒙版，效果如图 14-13 所示。

（2）按住 Shift 键的同时，选中"椭圆 1"图层，按 Ctrl+G 组合键，群组图层并将其命名为"头像 1"，如图 14-14 所示。

图 14-13 图 14-14

（3）将"头像 1"图层组拖曳到"图层"控制面板下方的"创建新图层"按钮 上进行复制，

生成新的图层组"头像1拷贝"，将其命名为"头像2"，如图14-15所示。按Ctrl+T组合键，在图片周围出现变换框。选择"移动"工具➕，在图像窗口中将图片拖曳到适当的位置并调整其大小，按Enter键确定操作，效果如图14-16所示。

（4）展开"头像2"图层组，选中"人物1"图层，按Delete键，删除该图层。选择"文件 > 置入嵌入对象"命令，弹出"置入嵌入的对象"对话框。选择云盘中的"Ch14 > 素材 > 社交类App闪屏页设计 > 04"文件。单击"置入"按钮，将图片置入到图像窗口中，拖曳到适当的位置并调整其大小，按Enter键确定操作。在"图层"控制面板中生成新的图层并将其命名为"人物2"。按Alt+Ctrl+G组合键，为"人物2"图层创建剪贴蒙版，效果如图14-17所示。

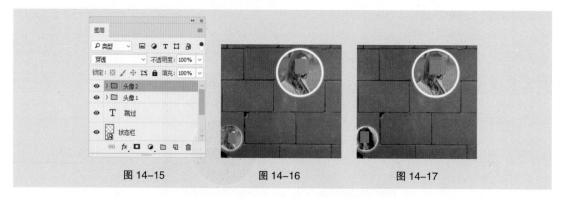

图14-15　　　　　　图14-16　　　　　　图14-17

（5）双击"椭圆1"图层的"描边"图层样式，弹出"图层样式"对话框，选项的设置如图14-18所示。单击"确定"按钮，效果如图14-19所示。

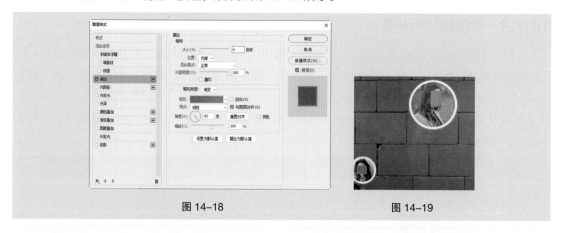

图14-18　　　　　　　　　　图14-19

（6）折叠"头像2"图层组中的图层。选择"椭圆"工具◯，在属性栏中将"填充"颜色设为白色，按住Shift键的同时，在图像窗口中拖曳鼠标绘制圆形，效果如图14-20所示。

（7）选择"文件 > 置入嵌入对象"命令，弹出"置入嵌入的对象"对话框。选择云盘中的"Ch14 > 素材 > 社交类App闪屏页设计 > 08"文件，单击"置入"按钮，将图片置入到图像窗口中，将其拖曳到适当的位置并调整其大小，按Enter键确定操作。在"图层"控制面板中生成新的图层并将其命名为"人物3"。按Alt+Ctrl+G组合键，为"人物3"图层创建剪贴蒙版，效果如图14-21所示。

（8）使用相同的方法制作其他图形和图片，效果如图14-22所示。在"图层"控制面板中，选中"人物7"图层，按住Shift键的同时，单击"椭圆2"图层，将需要的图层同时选取。按Ctrl+G组合键，群组图层并将其命名为"更多头像"，如图14-23所示。

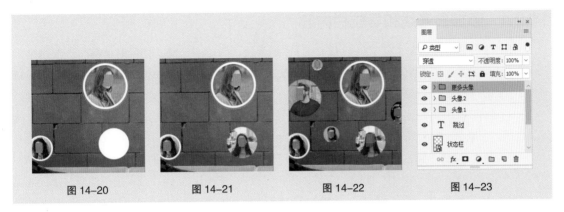

图 14-20   图 14-21   图 14-22   图 14-23

（9）选择"横排文字"工具 **T.**，在适当的位置输入需要的文字并选取文字。在"字符"控制面板中，将"颜色"设为白色，其他选项的设置如图 14-24 所示，按 Enter 键确定操作，效果如图 14-25 所示。使用相同的方法输入其他文字，设置如图 14-26 所示，效果如图 14-27 所示。在"图层"控制面板中分别生成新的文字图层。社交类 App 闪屏页制作完成。

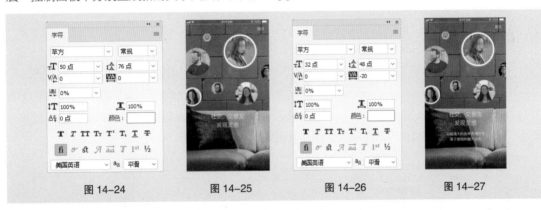

图 14-24   图 14-25   图 14-26   图 14-27

14.2 社交类 App 聊天页设计

【案例学习目标】在 Photoshop 中，学习使用"新建参考线"命令分割页面，使用"圆角矩形"工具、"添加锚点"工具、"添加图层样式"按钮、"横排文字"工具制作社交类 App 聊天页。

【案例知识要点】在 Photoshop 中，使用"置入嵌入对象"命令添加素材图片，使用"移动"工具添加各类图标，使用"圆角矩形"工具、"添加锚点"工具、"直接选择"工具和"渐变叠加"命令绘制会话框，使用"文字"工具、"字符"控制面板添加会话信息。

【效果所在位置】云盘 /Ch14/ 效果 / 社交类 App 聊天页设计 .psd。

社交类 App 聊天页设计效果如图 14-28 所示。

社交类 App
聊天页设计 1

社交类 App
聊天页设计 2

图 14-28

14.2.1　添加参考线和导航栏内容

（1）打开 Photoshop CC 2019，按 Ctrl+N 组合键，弹出"新建文档"对话框。设置宽度为 750 像素，高度为 1 334 像素，分辨率为 72 像素 / 英寸，颜色模式为 RGB，背景内容为白色，设置完单击"创建"按钮，新建一个文件。

（2）选择"视图 > 新建参考线"命令，弹出"新建参考线"对话框，设置如图 14-29 所示。单击"确定"按钮，完成水平参考线的创建，如图 14-30 所示。

（3）选择"文件 > 置入嵌入对象"命令，弹出"置入嵌入的对象"对话框。选择云盘中的"Ch14 > 素材 > 社交类 App 聊天页设计 > 01"文件，单击"置入"按钮，将图片置入到图像窗口中，拖曳到适当的位置，按 Enter 键确定操作，效果如图 14-31 所示。在"图层"控制面板中生成新的图层，将其命名为"状态栏"。

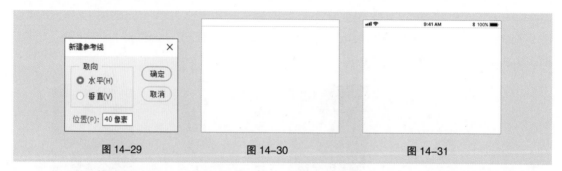

图 14-29　　　　　　图 14-30　　　　　　图 14-31

（4）选择"视图 > 新建参考线"命令，弹出"新建参考线"对话框，设置如图 14-32 所示。单击"确定"按钮，完成水平参考线的创建，效果如图 14-33 所示。

图 14-32　　　　　　图 14-33

（5）选择"视图 > 新建参考线"命令，弹出"新建参考线"对话框，设置如图 14-34 所示。单击"确定"按钮，完成垂直参考线的创建，效果如图 14-35 所示。用相同的方法，在 718 像素处新建一条垂直参考线，效果如图 14-36 所示。

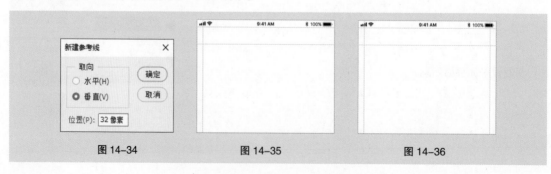

图 14-34　　　　　　图 14-35　　　　　　图 14-36

（6）按 Ctrl+O 组合键，打开云盘中的"Ch14 > 素材 > 社交类 App 聊天页设计 > 02"文件。选择"移动"工具 ⊕，将"返回"图形拖曳到图像窗口中适当的位置，并调整其大小，效果如图 14-37 所示。在"图层"控制面板中生成新的形状图层，将其命名为"返回"。

图 14-37

（7）选择"横排文字"工具 T，在适当的位置输入需要的文字并选取文字。在"字符"控制面板中将"颜色"设为黑色，其他选项的设置如图 14-38 所示，按 Enter 键确定操作，效果如图 14-39 所示。在"图层"控制面板中生成新的文字图层。

图 14-38   图 14-39

（8）用相同的方法，在适当的位置输入需要的文字并选取文字，在"字符"控制面板中将"颜色"设为浅蓝色（147、156、173），其他选项的设置如图 14-40 所示，按 Enter 键确定操作，效果如图 14-41 所示。在"图层"控制面板中生成新的文字图层。

图 14-40   图 14-41

（9）在"02"图像窗口中，按住 Shift 键的同时，选中"相机"和"电话"图层。选择"移动"工具 ⊕，将"相机"和"电话"图形拖曳到图像窗口中适当的位置并调整其大小，效果如图 14-42 所示。在"图层"控制面板中生成新的形状图层"相机"和"电话"。按住 Shift 键的同时，选中"返回"图层，按 Ctrl+G 组合键，群组图层并将其命名为"导航栏"，如图 14-43 所示。

图 14-42

图 14-43

14.2.2 制作内容区和录音界面

（1）选择“圆角矩形”工具，在属性栏中将填充色设为黑色，在图像窗口中适当的位置绘制圆角矩形。在“图层”控制面板中生成新的形状图层，将其命名为“文字底图”。在“属性”面板中设置参数，如图 14-44 所示。按 Enter 键确定操作，效果如图 14-45 所示。

图 14-44

图 14-45

（2）选择“添加锚点”工具，在图形上单击鼠标左键添加一个锚点，效果如图 14-46 所示。选择“直接选择”工具，选中左下角的锚点，按住 Shift 键的同时，向左拖曳鼠标，效果如图 14-47 所示。

图 14-46

图 14-47

（3）单击“图层”控制面板下方的“添加图层样式”按钮，在弹出的菜单中选择“渐变叠加”命令，弹出“渐变叠加”对话框。单击“渐变”选项右侧的“点按可编辑渐变”按钮，弹出“渐变编辑器”对话框。在“位置”选项中分别输入 0、100 两个位置点，分别设置两个位置点颜色的 RGB 值为 0（255、134、16）、100（254、44、60），如图 14-48 所示。单击“确定”按钮，返回到“渐变叠加”对话框，其他选项的设置如图 14-49 所示。单击“确定”按钮，效果如图 14-50 所示。

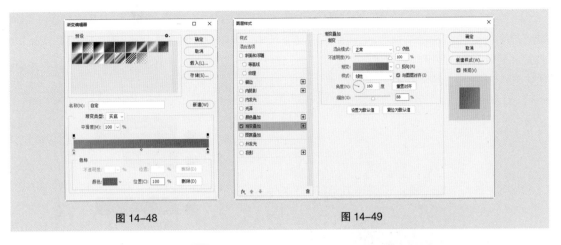

图 14-48   图 14-49

（4）选择"横排文字"工具 **T**，在适当的位
置输入需要的文字并选取文字。在"字符"控制
面板中，将"颜色"设为白色，其他选项的设置如
图 14-51 所示，按 Enter 键确定操作，效果如图 14-52
所示。在"图层"控制面板中生成新的文字图层。

图 14-50

图 14-51   图 14-52

（5）选择"椭圆"工具 ○，在属性栏中将填充色设为黑色，按住 Shift 键的同时，在图像窗口
中适当的位置绘制圆形，效果如图 14-53 所示。在"图层"控制面板中生成新的形状图层，将其命
名为"椭圆 1"。

（6）选择"文件 > 置入嵌入对象"命令，弹出"置入嵌入的对象"对话框。选择云盘中的
"Ch14 > 素材 > 社交类 App 聊天页设计 > 03"文件，单击"置入"按钮，将图片置入到图像窗口中。
将图片拖曳到适当的位置并调整其大小，按 Enter 键确定操作，效果如图 14-54 所示。在"图层"
控制面板中生成新的图层，将其命名为"头像 1"。

图 14-53   图 14-54

（7）按 Alt+Ctrl+G 组合键，为"头像 1"图层创建剪贴蒙版，效果如图 14-55 所示。按住 Shift 键的同时，单击"文字底图"图层，将需要的图层同时选取。按 Ctrl+G 组合键，群组图层并将其命名为"内容 1"。使用上述方法制作"内容 2"~"内容 6"图层组（内容栏的间距为 30 像素），效果如图 14-56 所示。按住 Shift 键的同时，将图层组同时选取。按 Ctrl+G 组合键，群组图层并将其命名为"内容区"。

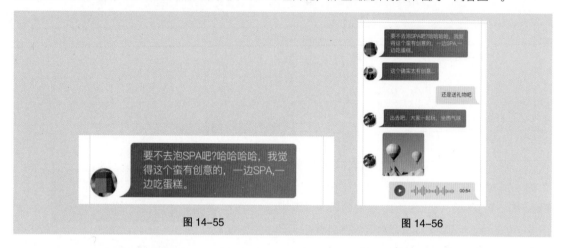

图 14-55　　　　　　　　　　　　　　图 14-56

（8）选择"矩形"工具 □，在距离上方内容栏 30 像素的位置绘制矩形，在属性栏中将填充色设为白色，效果如图 14-57 所示。在"图层"控制面板中生成新的形状图层"矩形 1"。

（9）单击"图层"控制面板下方的"添加图层样式"按钮 fx，在弹出的菜单中选择"投影"命令，弹出"图层样式"对话框。将阴影颜色设为黑色，其他选项的设置如图 14-58 所示。单击"确定"按钮，效果如图 14-59 所示。

图 14-57

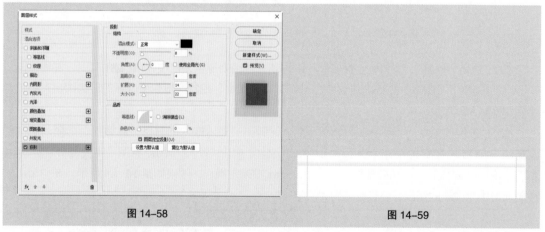

图 14-58　　　　　　　　　　　　　　图 14-59

（10）选择"圆角矩形"工具 □，在属性栏中将"半径"选项设置为 14 像素，在图像窗口中适当的位置绘制圆角矩形。在属性栏中将填充色设为浅蓝色（224、226、231），效果如图 14-60 所示，在"图层"控制面板中生成新的形状图层"圆角矩形 3"。

（11）在"02"图像窗口中选中"添加"图层，选择"移动"工具 ✛，将其拖曳到图像窗口中适当的位置并调整大小，效果如图 14-61 所示。在"图层"控制面板中生成新的形状图层"添加"。

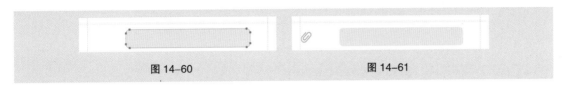

图 14-60   图 14-61

（12）用相同的方法拖曳其他需要的形状到适当的位置，效果如图 14-62 所示。选择"横排文字"工具 **T.**，在适当的位置输入需要的文字并选取文字。在"字符"控制面板中，将"颜色"设为黑色，其他选项的设置如图 14-63 所示，按 Enter 键确定操作，效果如图 14-64 所示。在"图层"控制面板中生成新的文字图层。

图 14-62   图 14-63   图 14-64

（13）选择"直线"工具 ✐，在属性栏中将填充色设为无，描边色设为黑色，将"粗细"选项设为1像素，按住Shift键的同时，在适当的位置拖曳鼠标绘制一条竖线，效果如图 14-65 所示。在"图层"控制面板中生成新的形状图层"形状 2"。

（14）按住Shift键的同时，单击"圆角矩形6"图层，将需要的图层同时选取，按Ctrl+G组合键，群组图层并将其命名为"录音界面"。社交类 App 聊天页制作完成，如图 14-66 所示。

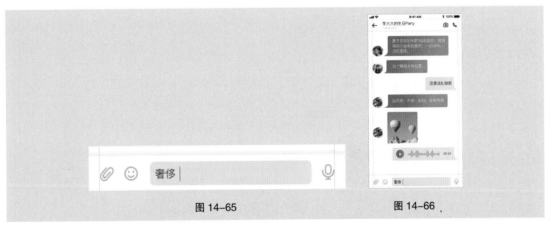

图 14-65   图 14-66

14.3　课堂练习——社交类 App 注册页设计

【练习知识要点】在 Photoshop 中，使用"置入嵌入对象"命令添加素材图片，使用"横排文字"工具、"字符"控制面板添加个人信息，使用"直线"工具绘制分隔线，使用"圆角矩形"工具、"渐变叠加"命令绘制注册按钮。

【效果所在位置】云盘 /Ch14/ 效果 / 社交类 App 注册页设计 .psd。

社交类 App 注册页设计效果如图 14–67 所示。

社交类 App
注册页设计 1

社交类 App
注册页设计 2

图 14–67

14.4　课后习题——社交类 App 通知页设计

【习题知识要点】在 Photoshop 中，使用"置入嵌入对象"命令添加素材图片，使用"移动"工具添加各类图标，使用"椭圆"工具、"圆角矩形"工具、"横排文字"工具制作通知内容区；使用"圆角矩形"工具、"投影"命令制作标签栏。

【效果所在位置】云盘 /Ch14/ 效果 / 社交类 App 通知页设计 .psd。

社交类 App 通知页设计效果如图 14–68 所示。

社交类 App
通知页设计 1

社交类 App
通知页设计 2

图 14–68

15

第 15 章
H5 设计

▶ **本章介绍**

随着移动互联网的兴起，H5 逐渐成为互联网传播领域的一种重要传播形式，因此学习和掌握 H5 成为广大互联网从业人员的重要技能之一。本章以餐饮行业营销 H5 页面设计为例，讲解 H5 页面的设计方法和制作技巧。

H5 设计

学习目标

● 了解 H5 页面的设计思路和过程。
● 掌握 H5 页面的制作方法和技巧。

技能目标

● 掌握餐饮行业营销 H5 首页的制作方法。
● 掌握餐饮行业营销 H5 抽奖页的制作方法。
● 掌握餐饮行业营销 H5 优惠券页的制作方法。
● 掌握餐饮行业营销 H5 详情页的制作方法。

15.1 餐饮行业营销 H5 首页设计

【案例学习目标】在 Photoshop 中，学习使用绘图工具、"添加锚点"工具、"转换点"工具、"横排文字"工具和"字符"控制面板制作餐饮行业营销 H5 首页。

【案例知识要点】在 Photoshop 中，使用"矩形"工具、"添加锚点"工具、"直接选择"工具、"转换点"工具和属性栏绘制装饰图形，使用"椭圆"工具、"变换路径"命令和"横排文字"工具制作宣传文字，使用"置入嵌入对象"命令、"横排文字"工具和"属性"控制面板制作代金券。

【效果所在位置】云盘 /Ch15/ 效果 / 餐饮行业营销 H5 首页设计 .psd。

餐饮行业营销 H5 首页设计效果如图 15-1 所示。

餐饮行业营销
H5 首页设计 1

餐饮行业营销
H5 首页设计 2

图 15-1

15.1.1 制作标题和内容区

（1）打开 Photoshop CC 2019，按 Ctrl+N 组合键，弹出"新建文档"对话框。设置宽度为 750 像素，高度为 1 206 像素，分辨率为 72 像素 / 英寸，颜色模式为 RGB，背景内容为枯黄色（其 R、G、B 的值分别为 216、187、163）。设置完单击"创建"按钮，新建一个文件，如图 15-2 所示。

（2）单击"图层"控制面板下方的"创建新组"按钮，生成新的图层组并将其命名为"标题"。选择"矩形"工具，在属性栏的"选择工具模式"选项中选择"形状"，将填充色设为酒红色（其 R、G、B 的值分别为 142、57、62），描边色设为无，在图像窗口中绘制一个矩形，效果如图 15-3 所示。在"图层"控制面板中生成新的形状图层"矩形 1"。

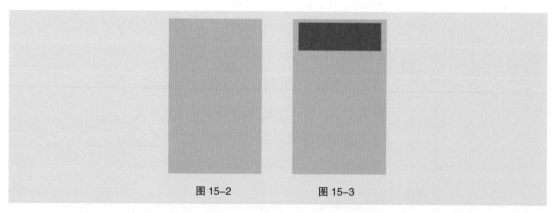

图 15-2   图 15-3

（3）选择"添加锚点"工具，在适当的位置单击鼠标左键，添加一个锚点，如图 15-4 所示。选择"直接选择"工具，选中并向下拖曳矩形右下角的锚点到适当的位置，如图 15-5 所示。

（4）选择"转换点"工具，将鼠标指针放置在刚刚添加的锚点上，如图 15-6 所示，单击鼠标左键，将平滑锚点转换为拐角锚点，如图 15-7 所示。

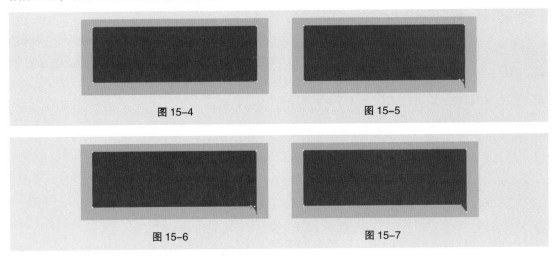

图 15-4   图 15-5

图 15-6   图 15-7

（5）选择"横排文字"工具 **T.**，在适当的位置输入需要的文字并选取文字。在属性栏中选择合适的字体并设置文字大小，单击"右对齐文本"按钮 ▤，并设置文本颜色为白色，效果如图 15-8 所示。在"图层"控制面板中生成新的文字图层。

（6）按 Ctrl+T 组合键，弹出"字符"控制面板，将"设置行距" ᴬ̲ [自动] 选项设置为 90 点，其他选项的设置如图 15-9 所示。按 Enter 键确定操作，效果如图 15-10 所示。

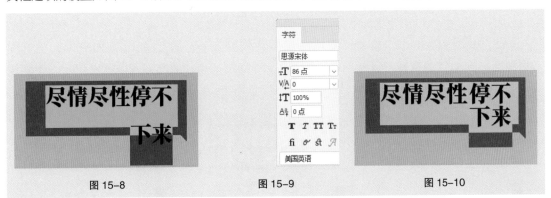

图 15-8   图 15-9   图 15-10

（7）选择"矩形"工具 ▢，将填充色设为白色，描边色设为无，在图像窗口中绘制一个矩形，效果如图 15-11 所示。在"图层"控制面板中生成新的形状图层"矩形 2"。

（8）选择"横排文字"工具 **T.**，在适当的位置输入需要的文字并选取文字。在属性栏中选择合适的字体并设置文字大小，单击"居中对齐文本"按钮 ▤，并设置文本颜色为酒红色（其 R、G、B 的值分别为 142、57、62），效果如图 15-12 所示。在"图层"控制面板中生成新的文字图层。

图 15-11   图 15-12

（9）用相同的方法输入其他白色文字，效果如图 15-13 所示。单击"标题"图层组左侧的向下箭头图标 ∨，将"标题"图层组中的图层隐藏。

（10）选择"文件 > 置入嵌入对象"命令，弹出"置入嵌入的对象"对话框，选择云盘中的"Ch15 > 素材 > 餐饮行业营销 H5 首页设计 > 01"文件。单击"置入"按钮，将图片置入到图像窗口中，并将其拖曳到适当的位置，按 Enter 键确定操作，效果如图 15-14 所示。在"图层"控制面板中生成新的图层，将其命名为"招财猫"。

图 15-13   图 15-14

（11）选择"椭圆"工具 ◯，在属性栏中将填充色设为酒红色（其 R、G、B 的值分别为 142、57、62），描边色设为无，按住 Shift 键的同时，在图像窗口中绘制一个圆形，效果如图 15-15 所示。在"图层"控制面板中生成新的形状图层"椭圆 1"。

（12）按 Ctrl+Alt+T 组合键，在图像周围出现变换框。按住 Shift 键的同时，垂直向下拖曳圆形到适当的位置，复制圆形，按 Enter 键确定操作，效果如图 15-16 所示。连续按 Ctrl+Shift+Alt+T 组合键，按需要再复制多个圆形，如图 15-17 所示。

图 15-15   图 15-16   图 15-17

（13）选择"直排文字"工具 ⏬T，在适当的位置输入需要的文字并选取文字。在属性栏中选择合适的字体并设置文字大小，单击"顶对齐文本"按钮 ▥，并设置文本颜色为白色，效果如图 15-18 所示。按 Alt+ → 组合键，调整文字适当的间距，取消选取状态，效果如图 15-19 所示。在"图层"控制面板中生成新的文字图层。用相同的方法制作"一年仅一次"文字效果，效果如图 15-20 所示。

图 15-18   图 15-19   图 15-20

15.1.2　制作代金券

（1）单击"图层"控制面板下方的"创建新组"按钮 ▢ ，生成新的图层组并将其命名为"宜"。选择"矩形"工具 ▢ ，将填充色设为酒红色（其 R、G、B 的值分别为 142、57、62），描边色设为无，在图像窗口中绘制一个矩形，效果如图 15-21 所示。在"图层"控制面板中生成新的形状图层"矩形 3"。

（2）选择"窗口 > 属性"命令，弹出"属性"控制面板，将"左上角半径"选项设为 28 像素，其他选项的设置如图 15-22 所示。按 Enter 键确定操作，效果如图 15-23 所示。

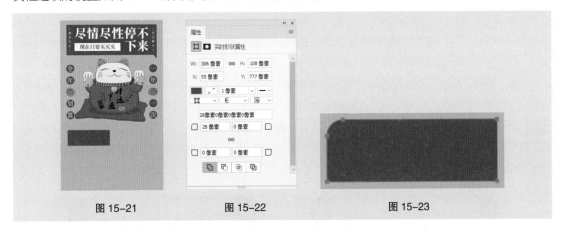

图 15-21   图 15-22   图 15-23

（3）选择"转换点"工具 ▷ ，将鼠标指针放置在需要的锚点上，如图 15-24 所示，单击鼠标左键，将平滑锚点转换为拐角锚点，如图 15-25 所示。

图 15-24   图 15-25

（4）用相同的方法调整另外一个平滑锚点，如图 15-26 所示。选择"矩形"工具 ▢ ，按住 Alt 键的同时，拖曳鼠标绘制出要减去顶层形状的矩形，效果如图 15-27 所示。

（5）选择"横排文字"工具 T ，在适当的位置输入需要的文字并选取文字。在属性栏中选择合适的字体并设置文字大小，设置文本颜色为白色，效果如图 15-28 所示。在"图层"控制面板中生成新的文字图层。

图 15-26　　　　　　　　　　图 15-27

（6）选择"直排文字"工具 ⊥T.，在适当的位置分别输入需要的文字并选取文字。在属性栏中分别选择合适的字体并设置文字大小，设置文本颜色为深红色（其 R、G、B 的值分别为 161、30、31），分别按 Alt+ →组合键，调整文字适当的间距，取消选取状态，效果如图 15-29 所示。在"图层"控制面板中生成新的文字图层。

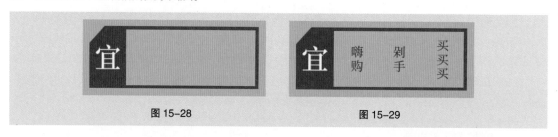

图 15-28　　　　　　　　　　图 15-29

（7）单击"宜"图层组左侧的向下箭头图标 ∨，将"宜"图层组中的图层隐藏。用相同的方法制作"忌"文字效果，效果如图 15-30 所示。

（8）单击"图层"控制面板下方的"创建新组"按钮 ▢，生成新的图层组并将其命名为"5 元"。选择"文件 > 置入嵌入对象"命令，弹出"置入嵌入的对象"对话框。选择云盘中的"Ch15 > 素材 > 餐饮行业营销 H5 首页设计 > 02"文件，单击"置入"按钮，将图片置入到图像窗口中，并将其拖曳到适当的位置，按 Enter 键确定操作，效果如图 15-31 所示。在"图层"控制面板中生成新的图层，将其命名为"钱袋"。

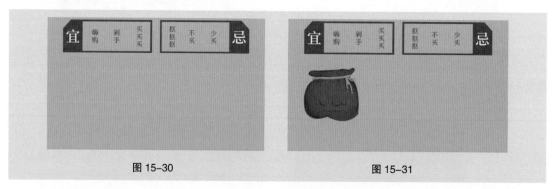

图 15-30　　　　　　　　　　图 15-31

（9）选择"横排文字"工具 T.，在适当的位置分别输入需要的文字并选取文字。在属性栏中分别选择合适的字体并设置文字大小，设置文本颜色为白色，效果如图 15-32 所示。在"图层"控制面板中生成新的文字图层。

（10）单击"5 元"图层组左侧的向下箭头图标 ∨，将"5 元"图层组中的图层隐藏。用相同的方法制作"10 元代金券"和"20 元代金券"，效果如图 15-33 所示。

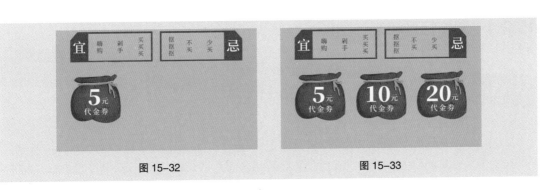

图 15-32   图 15-33

（11）选择"矩形"工具 □，在属性栏中将填充色设为酒红色（其 R、G、B 的值分别为 142、57、62），描边色设为无，在图像窗口中绘制一个矩形，效果如图 15-34 所示。在"图层"控制面板中生成新的形状图层"矩形 4"。餐饮行业营销 H5 首页制作完成，效果如图 15-35 所示。

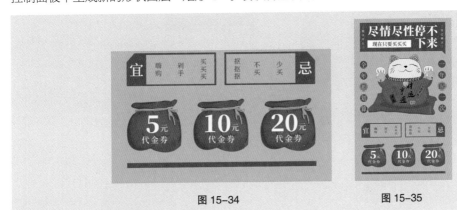

图 15-34   图 15-35

15.2 餐饮行业营销 H5 抽奖页设计

【案例学习目标】在 Photoshop 中，学习使用"置入嵌入对象"命令、绘图工具、"添加锚点"工具、"属性"控制面板、"横排文字"工具和"字符"控制面板制作餐饮行业营销 H5 抽奖页。

【案例知识要点】在 Photoshop 中，使用"置入嵌入对象"命令添加素材图片，使用"自定形状"工具绘制装饰图形，使用"矩形"工具、"变换路径"命令、"添加锚点"工具、"属性"控制面板、"椭圆"工具、"图层蒙版"命令和"画笔"工具制作抽奖模块，使用"横排文字"工具、"字符"控制面板添加标题和宣传文字。

【效果所在位置】云盘 /Ch15/ 效果 / 餐饮行业营销 H5 抽奖页设计 .psd。

餐饮行业营销 H5 抽奖页设计效果如图 15-36 所示。

餐饮行业营销 H5
抽奖页设计 1

餐饮行业营销 H5
抽奖页设计 2

餐饮行业营销 H5
抽奖页设计 3

图 15-36

15.2.1　制作标题和装饰图形

（1）打开 Photoshop CC 2019，按 Ctrl+N 组合键，弹出"新建文档"对话框。设置宽度为 750 像素，高度为 1 206 像素，分辨率为 72 像素 / 英寸，颜色模式为 RGB，背景内容为枯黄色（其 R、G、B 的值分别为 216、187、163）。设置完单击"创建"按钮，新建一个文件，如图 15-37 所示。

（2）单击"图层"控制面板下方的"创建新组"按钮 🗀，生成新的图层组并将其命名为"标题"。选择"文件 > 置入嵌入对象"命令，弹出"置入嵌入的对象"对话框。选择云盘中的"Ch15 > 素材 > 餐饮行业营销 H5 抽奖页设计 > 01"文件，单击"置入"按钮，将图片置入到图像窗口中，并将其拖曳到适当的位置，按 Enter 键确定操作，效果如图 15-38 所示。在"图层"控制面板中生成新的图层，将其命名为"丝带"。

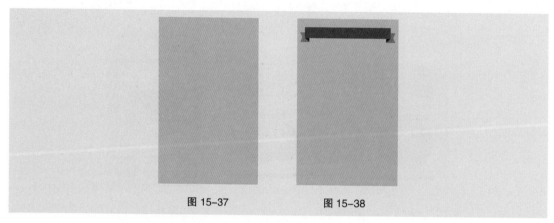

图 15-37　　　　　图 15-38

（3）选择"横排文字"工具 **T.**，在适当的位置输入需要的文字并选取文字。在属性栏中选择合适的字体并设置文字大小，再设置文本颜色为白色，效果如图 15-39 所示。在"图层"控制面板中生成新的文字图层。

（4）按 Ctrl+T 组合键，弹出"字符"控制面板，将"设置所选字符的字距调整" **VA** 0 选项设置为 50，其他选项的设置如图 15-40 所示。按 Enter 键确定操作，效果如图 15-41 所示。

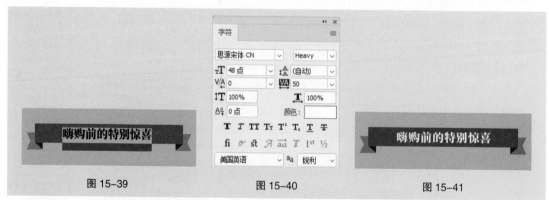

图 15-39　　　　　图 15-40　　　　　图 15-41

（5）选择"自定形状"工具 <.，在属性栏的"选择工具模式"选项中选择"形状"，将填充色设为白色，描边色设为无。单击"形状"选项右侧的按钮 ˇ，弹出"形状"面板。单击面板右上方的按钮 ✿.，在弹出的菜单中选择"自然"命令，弹出提示对话框，单击"追加"按钮。在"形状"

面板中选择"波浪"图形，如图 15-42 所示。按住 Shift 键的同时，在图像窗口中拖曳光标绘制图形，效果如图 15-43 所示。在"图层"控制面板中生成新的形状图层"形状 1"。

（6）按 Ctrl+J 组合键，复制"形状 1"图层，生成新的图层"形状 1 拷贝"。选择"移动"工具 ⊕，向右拖曳波浪图形到适当的位置，效果如图 15-44 所示。单击"标题"图层组左侧的向下箭头图标 ⌄，将"标题"图层组中的图层隐藏。

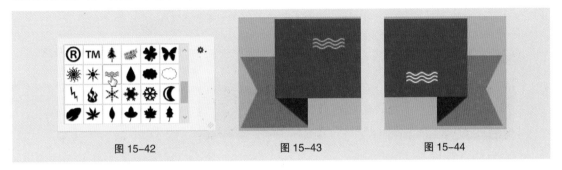

| 图 15-42 | 图 15-43 | 图 15-44 |

15.2.2 制作奖项介绍

（1）单击"图层"控制面板下方的"创建新组"按钮 ▢，生成新的图层组并将其命名为"壹"。选择"矩形"工具 ▢，在属性栏中将填充色设为浅红色（其 R、G、B 的值分别为 145、69、72），描边色设为无，在图像窗口中绘制一个矩形，效果如图 15-45 所示。在"图层"控制面板中生成新的形状图层"矩形 1"。

（2）按 Ctrl+J 组合键，复制"矩形 1"图层，生成新的图层"矩形 1 拷贝"。在"矩形"工具属性栏中将填充色设为枯茶色（其 R、G、B 的值分别为 106、57、6），效果如图 15-46 所示。

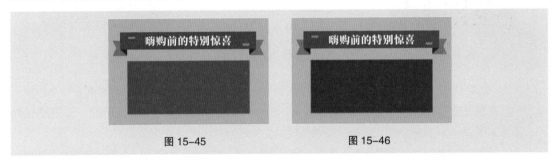

| 图 15-45 | 图 15-46 |

（3）按 Ctrl+T 组合键，在图像周围出现变换框，按住 Alt 键的同时，向左拖曳矩形右侧中间的控制手柄到适当的位置，调整其大小，效果如图 15-47 所示。连续按 2 次 Shift+ ↓ 组合键，向下微调矩形到适当的位置，效果如图 15-48 所示。按 Enter 键确定操作，效果如图 15-49 所示。

| 图 15-47 | 图 15-48 | 图 15-49 |

（4）选择"添加锚点"工具 ，在适当的位置单击鼠标左键，添加一个锚点，如图 15-50 所示。选择"直接选择"工具 ，选中并向上拖曳添加的锚点到适当的位置，如图 15-51 所示。

（5）选择"窗口 > 属性"命令，弹出"属性"控制面板，将"羽化"选项设为 4.6 像素，其他选项的设置如图 15-52 所示。按 Enter 键确定操作，效果如图 15-53 所示。

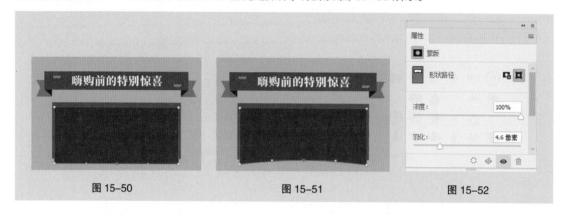

图 15-50　　　　　　　　　　图 15-51　　　　　　　　　　图 15-52

（6）在"图层"控制面板中，将"矩形 1 拷贝"图层的"不透明度"选项设为 40%，并将其拖曳到"矩形 1"图层的下方，如图 15-54 所示。图像效果如图 15-55 所示。

图 15-53　　　　　　　　　　图 15-54　　　　　　　　　　图 15-55

（7）选中"矩形 1"图层。选择"椭圆"工具 ，按住 Shift 键的同时，在图像窗口中绘制一个圆形，在属性栏中将填充色设为枯黄色（其 R、G、B 的值分别为 216、187、163），描边色设为无，效果如图 15-56 所示。在"图层"控制面板中生成新的形状图层"椭圆 1"。

（8）选择"文件 > 置入嵌入对象"命令，弹出"置入嵌入的对象"对话框。选择云盘中的"Ch15 > 素材 > 餐饮行业营销 H5 抽奖页设计 > 02"文件，单击"置入"按钮，将图片置入到图像窗口中，并将其拖曳到适当的位置，按 Enter 键确定操作，效果如图 15-57 所示。在"图层"控制面板中生成新的图层，将其命名为"福袋"。

图 15-56　　　　　　　　　　图 15-57

（9）选择"图层 > 图层蒙版 > 隐藏全部"命令，"图层"控制面板如图 15-58 所示。图像效果如图 15-59 所示。

（10）将前景色设为白色。选择"画笔"工具 ✐，在属性栏中单击"画笔预设"选项右侧的按钮 ，在弹出的面板中选择需要的画笔形状，如图 15-60 所示。在图像窗口中进行涂抹，显示需要的部分，效果如图 15-61 所示。

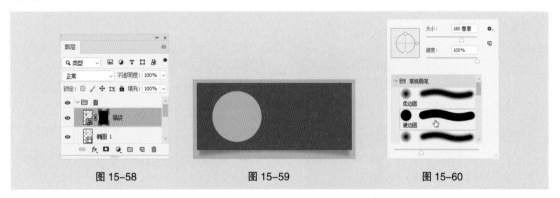

| 图 15-58 | 图 15-59 | 图 15-60 |

（11）选择"椭圆"工具 ◯，按住 Shift 键的同时，在图像窗口中绘制一个圆形。在属性栏中将填充色设为无，描边色设为枯黄色（其 R、G、B 的值分别为 216、187、163），"描边宽度"设为 1 像素，效果如图 15-62 所示。在"图层"控制面板中生成新的形状图层"椭圆 2"。

（12）选择"横排文字"工具 T，在适当的位置分别输入需要的文字并选取文字。在属性栏中分别选择合适的字体并设置文字大小，再设置文本颜色为白色，效果如图 15-63 所示。在"图层"控制面板中生成新的文字图层。

| 图 15-61 | 图 15-62 | 图 15-63 |

（13）选择"横排文字"工具 T，选取文字"特别抽奖"，在属性栏中设置文本颜色为黄色（其 R、G、B 的值分别为 255、222、0），效果如图 15-64 所示。

（14）选择"文件 > 置入嵌入对象"命令，弹出"置入嵌入的对象"对话框。选择云盘中的"Ch15 > 素材 > 餐饮行业营销 H5 抽奖页设计 > 03"文件，单击"置入"按钮，将图片置入到图像窗口中，并将其拖曳到适当的位置，按 Enter 键确定操作，效果如图 15-65 所示。在"图层"控制面板中生成新的图层，将其命名为"边框"。

| 图 15-64 | 图 15-65 |

15.2.3 添加底部信息

（1）单击"壹"图层组左侧的向下箭头图标∨，将"壹"图层组中的图层隐藏。用相同的方法制作"贰"等奖和"叁"等奖文字效果，效果如图 15-66 所示。

（2）选择"横排文字"工具 **T.**，在适当的位置输入需要的文字并选取文字。在属性栏中选择合适的字体并设置文字大小，设置文本颜色为浅红色（其 R、G、B 的值分别为 145、69、72），效果如图 15-67 所示。在"图层"控制面板中生成新的文字图层。

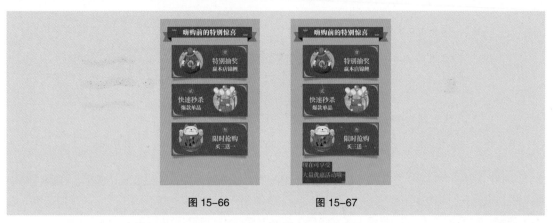

图 15-66   图 15-67

（3）在"字符"控制面板中，将"设置行距" 🖍️ 自动 ⌄ 选项设置为 48 点，其他选项的设置如图 15-68 所示。按 Enter 键确定操作，效果如图 15-69 所示。

（4）选择"自定形状"工具 **⚙.**，在属性栏中将填充色设为浅红色（其 R、G、B 的值分别为 145、69、72），描边色设为无，按住 Shift 键的同时，在图像窗口中拖曳光标绘制图形，效果如图 15-70 所示。在"图层"控制面板中生成新的形状图层"形状 2"。

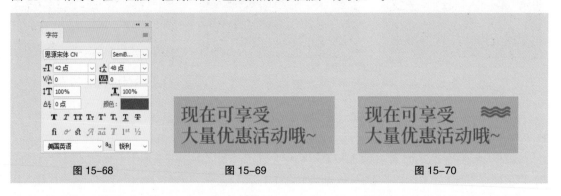

图 15-68   图 15-69   图 15-70

（5）选择"矩形"工具 **□.**，在图像窗口中绘制一个矩形，在属性栏中将填充色设为酒红色（其 R、G、B 的值分别为 142、57、62），描边色设为无，效果如图 15-71 所示。在"图层"控制面板中生成新的形状图层"矩形 2"。

（6）选择"文件 > 置入嵌入对象"命令，弹出"置入嵌入的对象"对话框。选择云盘中的"Ch15 > 效果 > 餐饮行业营销 H5 首页设计 .psd"文件，单击"置入"按钮，将图片置入到图像窗口中，并将其拖曳到适当的位置，按 Enter 键确定操作，效果如图 15-72 所示。在"图层"控制面板中生成新的图层，将其命名为"H5 首页"。

（7）餐饮行业营销 H5 抽奖页制作完成，效果如图 15-73 所示。

图 15-71

图 15-72

图 15-73

15.3 课堂练习——餐饮行业营销 H5 优惠券页设计

【练习知识要点】在 Photoshop 中，使用"置入嵌入对象"命令添加素材图片，使用"矩形"工具、"椭圆"工具、"减去顶层形状"按钮和"投影"命令制作优惠券，使用"横排文字"工具、"直排文字"工具和"字符"控制面板添加标题和优惠券文字。

【效果所在位置】云盘 /Ch15/ 效果 / 餐饮行业营销 H5 优惠券页设计 .psd。

餐饮行业营销 H5 优惠券页设计效果如图 15-74 所示。

图 15-74

15.4 课后习题——餐饮行业营销 H5 详情页设计

【习题知识要点】在 Photoshop 中，使用"矩形"工具、"描边"命令、"置入嵌入对象"命令和"创建剪贴蒙版"命令添加并编辑产品图片，使用"圆角矩形"工具、"矩形"工具、"横排文字"工具、"字符"控制面板添加详情页文字。

【效果所在位置】云盘 /Ch15/ 效果 / 餐饮行业营销 H5 详情页设计 .psd。

餐饮行业营销 H5 详情页设计效果如图 15-75 所示。

图 15-75

16

第 16 章

VI 设计

▶ **本章介绍**

　　VI 通过具体的符号将企业理念、企业规范等抽象概念进行充分的整合，塑造良好的企业形象，传播企业文化。本章以盛发游戏 VI 手册设计为例，讲解 VI 的设计方法和制作技巧。

VI 设计

学习目标

- 了解 VI 的设计思路和过程。
- 掌握 VI 的制作方法和技巧。

技能目标

- 掌握盛发游戏 VI 手册的制作方法。
- 掌握伯仑酒店 VI 手册的制作方法。
- 掌握天鸿达科技 VI 手册的制作方法。

16.1 盛发游戏 VI 手册设计

【案例学习目标】在 Illustrator 中，学习使用绘图工具、"剪刀"工具、"混合"工具、"文字"工具和其他辅助工具制作 VI 设计手册基础部分和 VI 设计手册应用部分。

【案例知识要点】在 Illustrator 中，使用"直线段"工具、"文字"工具、"矩形"工具、"直接选择"工具和"填充"工具制作 VI 手册模板，使用"矩形网格"工具绘制需要的网格，使用"直线段"工具和"文字"工具对图形进行标注，使用"矩形"工具、"钢笔"工具和"镜像"工具制作信封效果，使用"描边"控制面板制作虚线效果。

【效果所在位置】云盘 /Ch16/ 效果 / 盛发游戏 VI 手册设计 / 模板 A.ai、模板 B.ai、标志制图 .ai、标志组合规范 .ai、标志墨稿与反白应用规范 .ai、标准色 .ai、公司名片 .ai、信纸 .ai、信封 .ai、传真 .ai。

盛发游戏 VI 手册设计效果如图 16-1 所示。

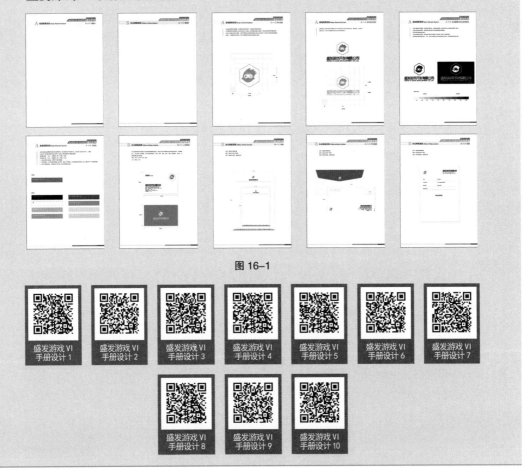

图 16-1

盛发游戏 VI 手册设计 1　盛发游戏 VI 手册设计 2　盛发游戏 VI 手册设计 3　盛发游戏 VI 手册设计 4　盛发游戏 VI 手册设计 5　盛发游戏 VI 手册设计 6　盛发游戏 VI 手册设计 7

盛发游戏 VI 手册设计 8　盛发游戏 VI 手册设计 9　盛发游戏 VI 手册设计 10

16.1.1　制作模板 A

（1）打开 Illustrator CC 2019，按 Ctrl+N 组合键，新建一个 A4 大小的文件。选择"矩形"

工具 ，绘制一个与页面大小相等的矩形，填充图形为白色，并设置描边色为无，效果如图 16-2 所示。按 Ctrl+2 组合键，锁定所选对象。

（2）选择"直线段"工具 ，按住 Shift 键的同时，在页面上方绘制一条直线，设置描边色为浅蓝色（其 C、M、Y、K 的值分别为 22、0、0、0），填充描边，效果如图 16-3 所示。

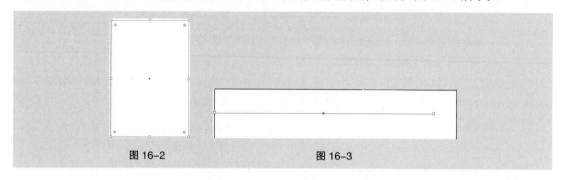

图 16-2   图 16-3

（3）选择"选择"工具 ，按住 Alt+Shift 组合键的同时，垂直向下拖曳直线到适当的位置，复制直线。设置描边色为淡蓝色（其 C、M、Y、K 的值分别为 10、0、0、0），填充描边，效果如图 16-4 所示。

（4）用框选的方法将所绘制的两条直线同时选取，按 Ctrl+G 组合键，将其编组。按住 Alt+Shift 组合键的同时，垂直向下拖曳编组直线到适当的位置，复制编组直线，效果如图 16-5 所示。连续按 Ctrl+D 组合键，按需要再复制出多条编组直线，效果如图 16-6 所示。

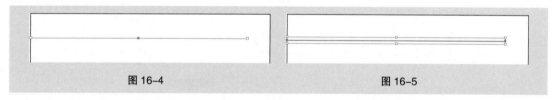

图 16-4   图 16-5

（5）选择"矩形"工具 ，在适当的位置绘制一个矩形，设置填充色为天蓝色（其 C、M、Y、K 的值分别为 100、30、0、0），填充图形，并设置描边色为无，效果如图 16-7 所示。

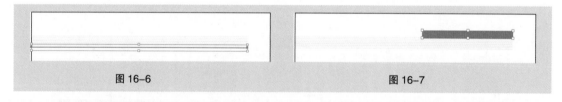

图 16-6   图 16-7

（6）选择"直接选择"工具 ，按住 Shift 键的同时，选中并向右拖曳矩形左上角的锚点到适当的位置，效果如图 16-8 所示。

（7）选择"矩形"工具 ，在适当的位置绘制一个矩形，设置填充色为海蓝色（其 C、M、Y、K 的值分别为 95、67、21、9），填充图形，并设置描边色为无，效果如图 16-9 所示。

图 16-8   图 16-9

（8）选择"文字"工具 **T**，在适当的位置分别输入需要的文字。选择"选择"工具 ▶，在属性栏中分别选择合适的字体并设置文字大小，填充文字为白色，效果如图 16-10 所示。选择"文字"工具 **T**，选取文字"基础系统"，在属性栏中选择合适的字体并设置文字的大小，效果如图 16-11 所示。

图 16-10 　　　　　　　　　　　　　　图 16-11

（9）选择"文字"工具 **T**，在适当的位置分别输入需要的文字。选择"选择"工具 ▶，在属性栏中分别选择合适的字体并设置文字大小，效果如图 16-12 所示。选取英文"A"，设置填充色为青色（其 C、M、Y、K 的值分别为 100、0、0、0），填充文字，效果如图 16-13 所示。

图 16-12 　　　　　　　　　　　　　　图 16-13

（10）选取右侧需要的文字，设置填充色为海蓝色（其 C、M、Y、K 的值分别为 95、67、21、9），填充文字，效果如图 16-14 所示。选取英文"Basic Element System"，在属性栏中设置文字大小，效果如图 16-15 所示。

图 16-14 　　　　　　　　　　　　　　图 16-15

（11）选择"文字"工具 **T**，在适当的位置输入需要的文字。选择"选择"工具 ▶，在属性栏中选择合适的字体并设置文字大小，单击"右对齐"按钮 ≡，并微调文字到适当的位置，效果如图 16-16 所示。设置填充色为海蓝色（其 C、M、Y、K 的值分别为 95、67、21、9），填充文字，效果如图 16-17 所示。

图 16-16 　　　　　　　　　　　　　　图 16-17

（12）选择"矩形"工具 ▣，在适当的位置绘制一个矩形，设置填充色为海蓝色（其 C、M、Y、K 的值分别为 95、67、21、9），填充图形，并设置描边色为无，效果如图 16-18 所示。

（13）按 Ctrl+C 组合键，复制图形，按 Ctrl+F 组合键，将复制的图形粘贴在前面。选择"选择"工具 ▶，向左拖曳矩形右边中间的控制手柄到适当的位置，调整其大小。设置填充色为天蓝色（其 C、M、Y、K 的值分别为 100、30、0、0），填充图形，效果如图 16-19 所示。

（14）用相同的方法再复制一个矩形，调整其大小，并设置填充色为淡蓝色（其 C、M、Y、K

的值分别为 10、0、0、0），填充图形，效果如图 16-20 所示。模板 A 制作完成，效果如图 16-21 所示。模板 A 部分表示 VI 手册中的基础部分。

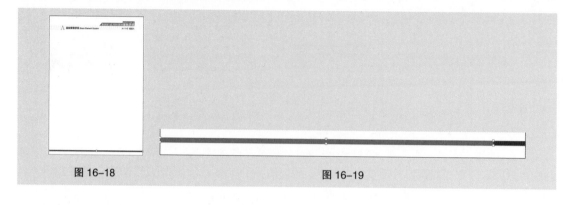

图 16-18　　　　　　　　　　　　　图 16-19

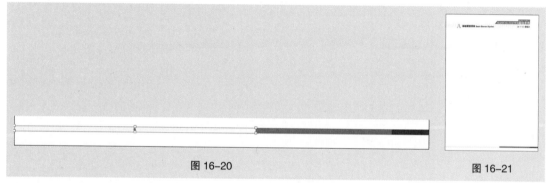

图 16-20　　　　　　　　　　　　　图 16-21

（15）按 Ctrl+S 组合键，弹出"存储为"对话框，将文件命名为"模板 A"，保存为 AI 格式，单击"保存"按钮，将文件保存。

16.1.2　制作模板 B

（1）按 Ctrl+O 组合键，打开云盘中的"Ch16 > 效果 > 盛发游戏 VI 手册设计 > 模板 A.ai"文件，如图 16-22 所示。选择"文字"工具 T，选取文字"基础"，如图 16-23 所示。重新输入需要的文字，效果如图 16-24 所示。

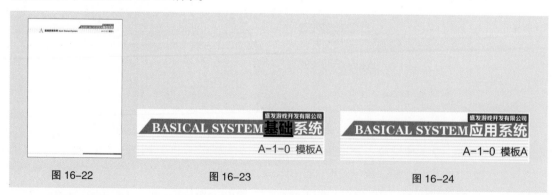

图 16-22　　　　　　　　　　图 16-23　　　　　　　　　　图 16-24

（2）用相同的方法选取并重新输入英文"ARTICLES SYSTEM"，效果如图 16-25 所示。选择"选择"工具 ，选取下方需要的图形，向左拖曳图形左边中间的控制手柄到适当的位置，调整其大小，效果如图 16-26 所示。

图 16-25　　　　　　　　　　图 16-26

（3）保持图形的选取状态。设置填充色为橙黄色（其 C、M、Y、K 的值分别为 0、45、100、0），填充图形，效果如图 16-27 所示。选取右上方的矩形，设置填充色为深红色（其 C、M、Y、K 的值分别为 0、100、100、33），填充图形，效果如图 16-28 所示。

图 16-27　　　　　　　　　　图 16-28

（4）用相同的方法分别修改其他图形和文字，并填充相应的颜色，效果如图 16-29 所示。选择"选择"工具 ，选取"模板"下方的矩形，设置填充色为深红色（其 C、M、Y、K 的值分别为 0、100、100、33），填充图形，效果如图 16-30 所示。

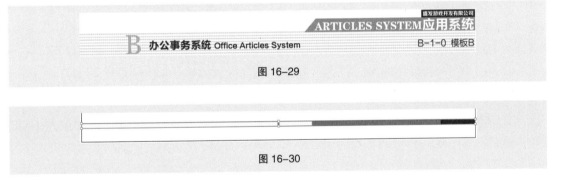

图 16-29

图 16-30

（5）用相同的方法分别选中另外两个矩形，并填充相应的颜色，效果如图 16-31 所示。模板 B 制作完成，效果如图 16-32 所示。模板 B 部分表示 VI 手册中的应用部分。

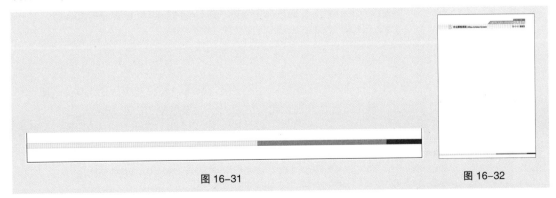

图 16-31　　　　　　　　　　图 16-32

（6）按 Shift+Ctrl+S 组合键，弹出"存储为"对话框，将文件命名为"模板 B"，保存为 AI 格式，单击“保存”按钮，将文件保存。

16.1.3 制作标志制图

（1）按 Ctrl+O 组合键，打开云盘中的“Ch16 > 效果 > 盛发游戏 VI 手册设计 > 模板 A.ai”文件，如图 16-33 所示。选择“文字”工具 T，选取并重新输入文字“A-1-2 标志制图”，效果如图 16-34 所示。

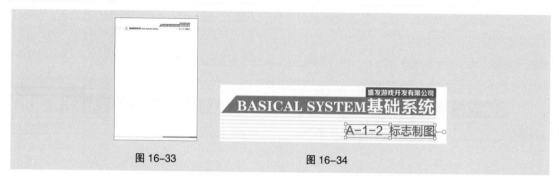

图 16-33

盛发游戏开发有限公司
BASICAL SYSTEM基础系统
A-1-2 标志制图

图 16-34

（2）选择“文字”工具 T，在页面中输入需要的文字。选择“选择”工具 ▶，在属性栏中选择合适的字体并设置文字大小，效果如图 16-35 所示。

盛发游戏开发有限公司
BASICAL SYSTEM基础系统
A 基础要素系统 Basic Element System
A-1-2 标志制图

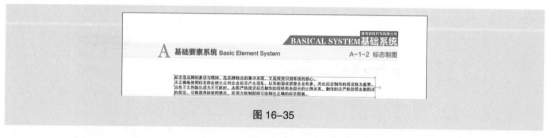

图 16-35

（3）按 Ctrl+T 组合键，弹出“字符”控制面板，将“设置行距”选项设为 15 pt，其他选项的设置如图 16-36 所示。按 Enter 键确定操作，效果如图 16-37 所示。

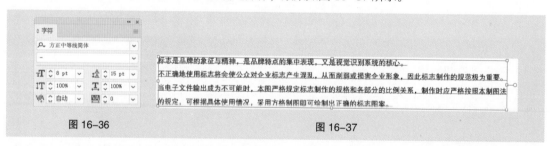

字符
方正中等线简体
8 pt
15 pt
100%
100%
自动
0

图 16-36

标志是品牌的象征与精神，是品牌特点的集中表现，又是视觉识别系统的核心。
不正确地使用标志将会使公众对企业标志产生混乱，从而削弱或损害企业形象，因此标志制作的规范极为重要。
当电子文件输出成为不可能时，本图严格规定标志制作的规格和各部分的比例关系，制作时应严格按照本制图法的规定，可根据具体使用情况，采用方格制图即可绘制出正确的标志图案。

图 16-37

（4）选择“矩形”工具 ▭，在适当的位置绘制一个矩形，设置填充色为浅灰色（其 C、M、Y、K 的值分别为 0、0、0、25），填充图形，并设置描边色为无，效果如图 16-38 所示。

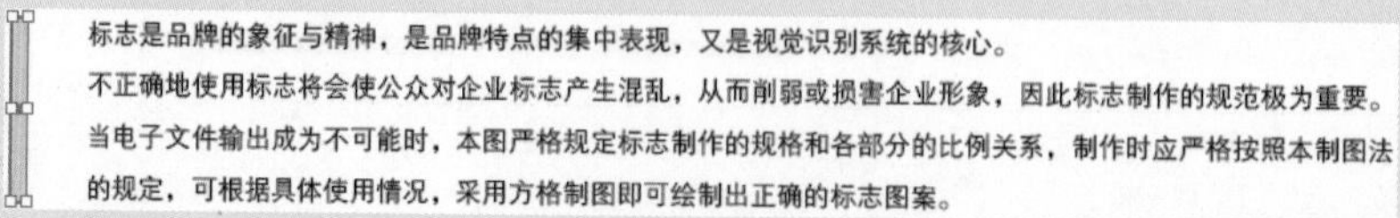

标志是品牌的象征与精神，是品牌特点的集中表现，又是视觉识别系统的核心。
不正确地使用标志将会使公众对企业标志产生混乱，从而削弱或损害企业形象，因此标志制作的规范极为重要。
当电子文件输出成为不可能时，本图严格规定标志制作的规格和各部分的比例关系，制作时应严格按照本制图法的规定，可根据具体使用情况，采用方格制图即可绘制出正确的标志图案。

图 16-38

（5）选择"矩形网格"工具囲，在页面外单击鼠标左键，弹出"矩形网格工具选项"对话框，选项的设置如图 16-39 所示。单击"确定"按钮，出现一个网格图形，效果如图 16-40 所示。按 Shift+Ctrl+G 组合键，取消网格图形的编组。

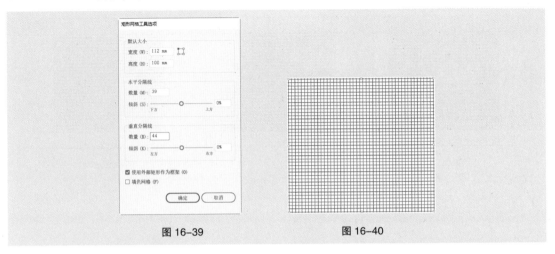

图 16-39　　　　　　　　　　　图 16-40

（6）选择"选择"工具▶，按住 Shift 键的同时，在网格图形上选取不需要的直线，如图 16-41 所示。按 Delete 键将其删除，效果如图 16-42 所示。使用相同的方法选取不需要的直线将其删除，效果如图 16-43 所示。

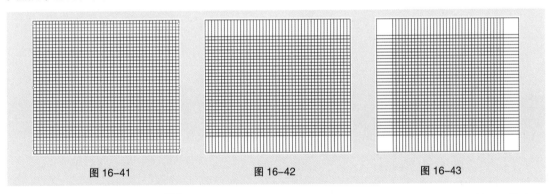

图 16-41　　　　　　　　　图 16-42　　　　　　　　　图 16-43

（7）选择"选择"工具▶，用框选的方法将需要的直线同时选取，如图 16-44 所示。拖曳左边中间的控制手柄到适当的位置，效果如图 16-45 所示。保持图形的选取状态，拖曳直线右边中间的控制手柄到适当的位置，效果如图 16-46 所示。

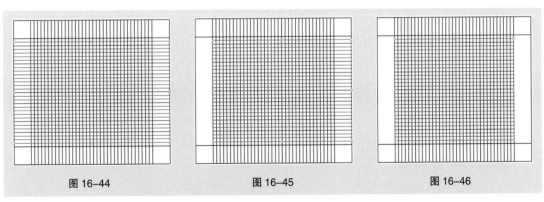

图 16-44　　　　　　　　　图 16-45　　　　　　　　　图 16-46

（8）选择"选择"工具 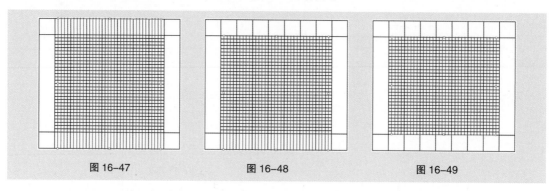，按住 Shift 键的同时，选取需要的直线，如图 16-47 所示。向下拖曳上边中间的控制手柄到适当的位置，效果如图 16-48 所示。保持图形的选取状态，向上拖曳直线下边中间的控制手柄到适当的位置，效果如图 16-49 所示。

图 16-47　　　　　　　　图 16-48　　　　　　　　图 16-49

（9）选择"选择"工具 ，用框选的方法将所有直线同时选取。在属性栏中将"描边粗细"选项设置为 0.25 pt，并设置描边色为灰色（其 C、M、Y、K 的值分别为 0、0、0、80），填充直线描边，效果如图 16-50 所示。

（10）选择"选择"工具 ，按住 Shift 键的同时，依次单击需要的直线将其同时选取，如图 16-51 所示。设置描边色为浅灰色（其 C、M、Y、K 的值分别为 0、0、0、30），填充直线描边，取消选取状态，效果如图 16-52 所示。

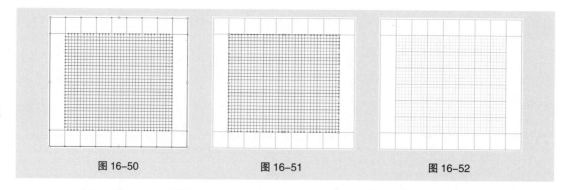

图 16-50　　　　　　　　图 16-51　　　　　　　　图 16-52

（11）选择"矩形"工具 ，在网格左下方绘制一个矩形，设置填充色为淡灰色（其 C、M、Y、K 的值分别为 0、0、0、10），填充图形，并设置描边色为灰色（其 C、M、Y、K 的值分别为 0、0、0、80），填充描边，效果如图 16-53 所示。选择"选择"工具 ，用框选的方法将所有直线和矩形同时选取，按 Ctrl+G 组合键，将其编组，效果如图 16-54 所示。

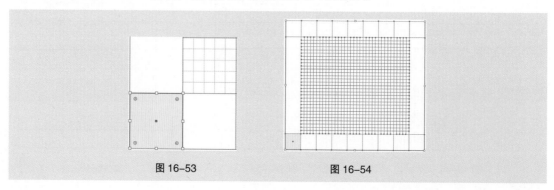

图 16-53　　　　　　　　图 16-54

（12）按 Ctrl+O 组合键，打开云盘中的"Ch04 > 效果 > 盛发游戏标志设计 > 盛发游戏标志 .ai"文件。选择"选择"工具 ▶，选取需要的标志图形，如图 16-55 所示。按 Ctrl+C 组合键，复制图形。选择正在编辑的页面，按 Ctrl+V 组合键，将其粘贴到页面中，拖曳标志图形到网格上适当的位置并调整其大小，效果如图 16-56 所示。

（13）保持图形的选取状态。设置填充色为灰色（其 C、M、Y、K 的值分别为 0、0、0、50），填充图形，效果如图 16-57 所示。连续按 Ctrl+ [组合键，将标志图形向后移至适当的位置，取消选取状态，效果如图 16-58 所示。

图 16-55　　　　　　　　　　图 16-56　　　　　　　　　　图 16-57

（14）选择"直线段"工具 ╱ 和"文字"工具 T，对图形进行标注，效果如图 16-59 所示。标志制图制作完成，效果如图 16-60 所示。

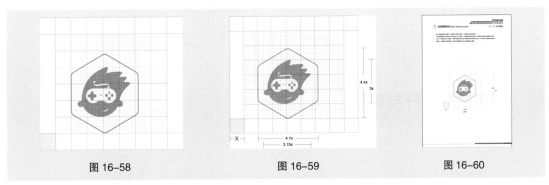

图 16-58　　　　　　　　　　图 16-59　　　　　　　　　　图 16-60

（15）按 Shift+Ctrl+S 组合键，弹出"存储为"对话框，将文件命名为"标志制图"，保存为 AI 格式。单击"保存"按钮，将文件保存。

16.1.4　制作标志组合规范

（1）按 Ctrl+O 组合键，打开云盘中的"Ch16 > 效果 > 盛发游戏 VI 手册设计 > 标志制图 .ai"文件。选择"选择"工具 ▶，选取不需要的图形，如图 16-61 所示。按 Delete 键将其删除，效果如图 16-62 所示。选取网格图形，将其拖曳到适当的位置，效果如图 16-63 所示。

（2）选择"文字"工具 T，选取并重新输入文字"A-1-4 标志组合规范"，效果如图 16-64 所示。用相同的方法选取并重新输入需要的文字，效果如图 16-65 所示。

（3）按 Ctrl+O 组合键，打开云盘中的"Ch04 > 效果 > 盛发游戏标志设计 > 盛发游戏标志 .ai"文件。选择"选择"工具 ▶，选取标志和标准字，如图 16-66 所示。按 Ctrl+C 组合键，复制图形。选择正在编辑的页面，按 Ctrl+V 组合键，将其粘贴到页面中，调整其大小和位置，效果如图 16-67

所示。按住 Alt 键的同时，向下拖曳标志和标准字到网格图形上适当的位置，效果如图 16-68 所示。

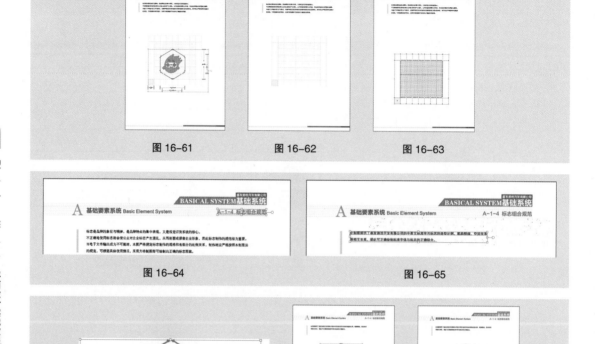

图 16-61　　　　　　　图 16-62　　　　　　　图 16-63

图 16-64　　　　　　　　　　　　图 16-65

图 16-66　　　　　　图 16-67　　　　　　图 16-68

（4）保持图形的选取状态。设置填充色为灰色（其 C、M、Y、K 的值分别为 0、0、0、50），填充图形和文字，效果如图 16-69 所示。连续按 Ctrl+ [组合键，将标志和标准字向后移至适当的位置，取消选取状态，效果如图 16-70 所示。

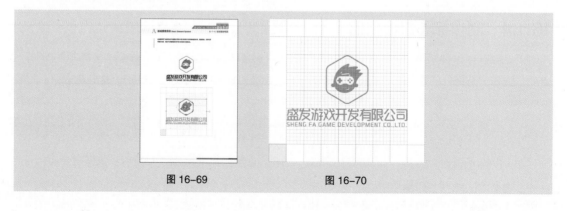

图 16-69　　　　　　图 16-70

（5）根据"16.1.3 制作标志制图"中所讲的方法，对图形进行标注，效果如图 16-71 所示。标志组合规范制作完成，效果如图 16-72 所示。按 Shift+Ctrl+S 组合键，弹出"存储为"对话框，将文件命名为"标志组合规范"，保存为 AI 格式。单击"保存"按钮，将文件保存。

图 16-71　　　　　　　　　　　　　　　　图 16-72

16.1.5　制作标志墨稿与反白应用规范

（1）按 Ctrl+O 组合键，打开云盘中的"Ch16 > 效果 > 盛发游戏 VI 手册设计 > 模板 A.ai"文件，如图 16-73 所示。选择"文字"工具 T，选取并重新输入文字"A-1-5 标志墨稿与反白应用规范"，效果如图 16-74 所示。

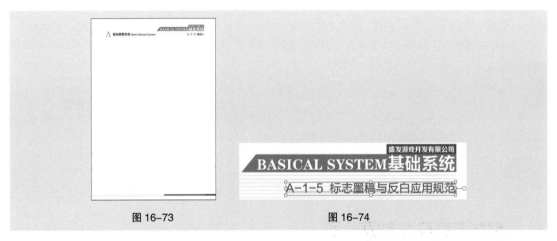

图 16-73　　　　　　　　　　　　　　　　图 16-74

（2）选择"文字"工具 T，在页面中输入需要的文字。选择"选择"工具 ▶，在属性栏中选择合适的字体并设置文字大小，效果如图 16-75 所示。

图 16-75

（3）按 Ctrl+T 组合键，弹出"字符"控制面板，将"设置行距" 选项设为 15 pt，其他选项的设置如图 16-76 所示。按 Enter 键确定操作，效果如图 16-77 所示。

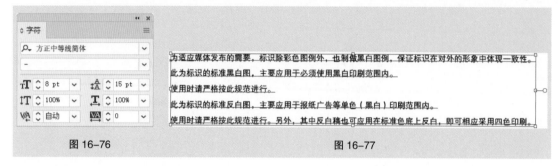

图 16-76　　　　　　　　　　　　　图 16-77

（4）选择"矩形"工具 ，在适当的位置绘制一个矩形，设置填充色为浅灰色（其 C、M、Y、K 的值分别为 0、0、0、25），填充图形，并设置描边色为无，效果如图 16-78 所示。

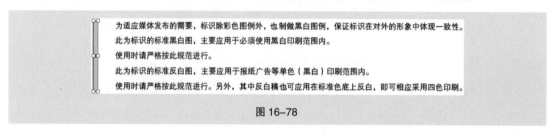

图 16-78

（5）按 Ctrl+O 组合键，打开云盘中的"Ch04 > 效果 > 盛发游戏标志设计 > 盛发游戏标志 .ai"文件。选择"选择"工具 ，选取标志和标准字，如图 16-79 所示。按 Ctrl+C 组合键，复制图形。选择正在编辑的页面，按 Ctrl+V 组合键，将其粘贴到页面中，调整大小和位置，如图 16-80 所示。填充图形为黑色，效果如图 16-81 所示。

图 16-79　　　　　　　　　图 16-80　　　　　　　　　图 16-81

（6）选择"矩形"工具 ，在适当的位置绘制一个矩形，填充图形为黑色，并设置描边色为无，效果如图 16-82 所示。选择"选择"工具 ，选取左侧标志和标准字，按住 Alt+Shift 组合键的同时，水平向右拖曳图形到矩形上，填充图形和文字为白色。按 Shift+Ctrl+] 组合键，将其置于顶层，效果如图 16-83 所示。

（7）选择"文字"工具 ，在适当的位置输入需要的文字。选择"选择"工具 ，在属性栏中选择合适的字体并设置文字大小，填充文字为白色。按 Alt+ →组合键，适当调整文字间距，效果如图 16-84 所示。

图 16-82　　　　　　　　图 16-83　　　　　　　　图 16-84

（8）选择"矩形"工具 ▣，在适当的位置绘制一个矩形，设置填充色为浅灰色（其 C、M、Y、K 的值分别为 0、0、0、10），填充图形，并设置描边色为无，效果如图 16-85 所示。

（9）选择"选择"工具 ▶，按住 Alt+Shift 组合键的同时，水平向右拖曳矩形到适当的位置，复制矩形，填充图形为黑色，效果如图 16-86 所示。将两个矩形同时选取，双击"混合"工具 ▨，在弹出的"混合选项"对话框中进行设置，如图 16-87 所示。单击"确定"按钮，在两个矩形上单击鼠标，生成混合，效果如图 16-88 所示。

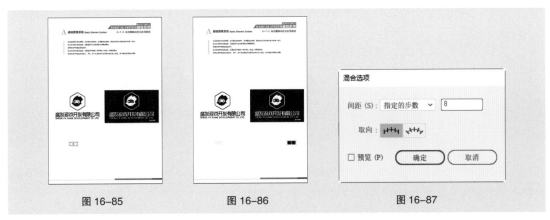

图 16-85　　　　　　　　图 16-86　　　　　　　　图 16-87

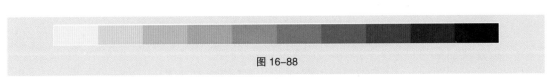

图 16-88

（10）选择"直线段"工具 ✎，在适当的位置分别绘制需要的线段，效果如图 16-89 所示。选择"文字"工具 T，在适当的位置分别输入需要的文字。选择"选择"工具 ▶，在属性栏中分别选择合适的字体并设置文字大小，效果如图 16-90 所示。

（11）标志墨稿与反白应用规范制作完成，效果如图 16-91 所示。按 Shift+Ctrl+S 组合键，弹出"存储为"对话框，将文件命名为"标志墨稿与反白应用规范"，保存为 AI 格式。单击"保存"按钮，将文件保存。

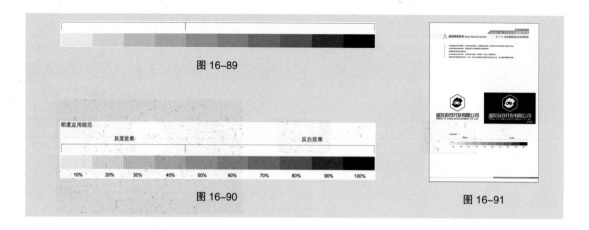

图 16-89

图 16-90

图 16-91

16.1.6　制作标准色

（1）按 Ctrl+O 组合键，打开云盘中的"Ch16 > 效果 > 盛发游戏 VI 手册设计 > 模板 A.ai"文件，如图 16-92 所示。选择"文字"工具 **T**，选取并重新输入文字"A-1-6 标准色"，效果如图 16-93 所示。

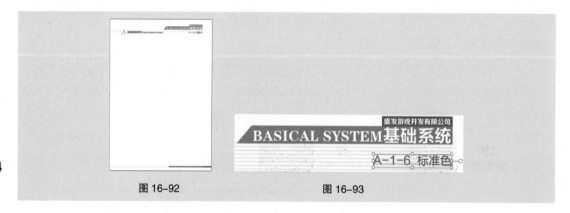

图 16-92　　　　　　　　　　　　　　　　　　图 16-93

（2）选择"文字"工具 **T**，在页面中输入需要的文字。选择"选择"工具 ▶，在属性栏中选择合适的字体并设置文字大小，效果如图 16-94 所示。

图 16-94

（3）按 Ctrl+T 组合键，弹出"字符"控制面板，将"设置行距" 选项设为 15 pt，其他选项的设置如图 16-95 所示。按 Enter 键确定操作，效果如图 16-96 所示。

（4）选择"矩形"工具 ▣，在适当的位置绘制一个矩形，设置填充色为浅灰色（其 C、M、Y、K 的值分别为 0、0、0、25），填充图形，并设置描边色为无，效果如图 16-97 所示。

图 16-95   图 16-96

图 16-97

（5）选择"矩形"工具 ▢，在适当的位置再绘制一个矩形，如图 16-98 所示。选择"选择"工具 ▶，按住 Alt+Shift 组合键的同时，垂直向下拖曳矩形到适当的位置，复制矩形，效果如图 16-99 所示。

（6）保持图形的选取状态，按住 Alt+Shift 组合键的同时，垂直向下拖曳矩形到适当的位置，再复制一个矩形，如图 16-100 所示。连续按 2 次 Ctrl+D 组合键，按需要再复制出 2 个矩形，效果如图 16-101 所示。

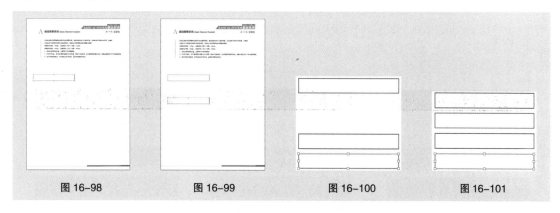

图 16-98   图 16-99   图 16-100   图 16-101

（7）选择"选择"工具 ▶，选取第一个矩形，设置填充色为蓝色（其 C、M、Y、K 的值分别为 100、30、0、0），填充图形，并设置描边色为无，效果如图 16-102 所示。分别选取下方的矩形，并依次填充为黑色、白色、黄色（其 C、M、Y、K 的值分别为 0、20、100、0）、绿色（其 C、M、Y、K 的值分别为 75、0、100、0），并设置描边色为无，效果如图 16-103 所示。

（8）选择"文字"工具 T，在适当的位置分别输入需要的文字。选择"选择"工具 ▶，在属性栏中选择合适的字体并设置文字大小，效果如图 16-104 所示。

（9）选择"文字"工具 T，在最上方的矩形上输入矩形的 CMYK 颜色值。选择"选择"工具 ▶，在属性栏中选择合适的字体并设置文字大小，填充文字为白色，效果如图 16-105 所示。用相同的方法为下方矩形进行数值标注，效果如图 16-106 所示。

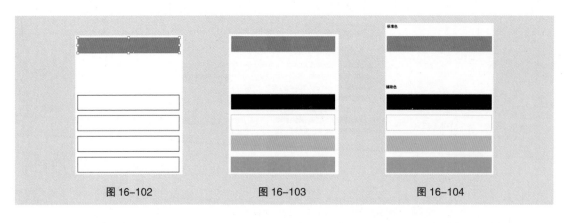

图 16-102　　　　　　图 16-103　　　　　　图 16-104

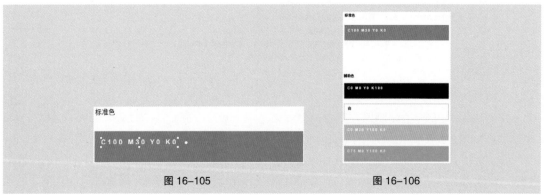

图 16-105　　　　　　　　图 16-106

（10）选择"选择"工具 ▶，用框选的方法选取需要的图形，如图 16-107 所示。按住 Alt+Shift 组合键的同时，水平向右拖曳图形到适当的位置，复制一组图形，效果如图 16-108 所示。

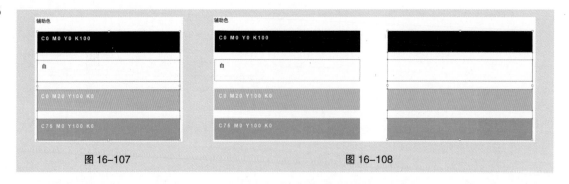

图 16-107　　　　　　　　　图 16-108

（11）选择"选择"工具 ▶，选取需要的矩形，设置填充色为红色（其 C、M、Y、K 的值分别为 0、100、100、0），填充图形，效果如图 16-109 所示。选择"文字"工具 T，在矩形上输入矩形的 CMYK 颜色值。选择"选择"工具 ▶，在属性栏中选择合适的字体并设置文字大小，填充文字为白色，效果如图 16-110 所示。

（12）使用相同的方法为下方矩形填充相应的颜色并进行颜色数值标注，效果如图 16-111 所示。标准色制作完成，效果如图 16-112 所示。按 Shift+Ctrl+S 组合键，弹出"存储为"对话框，将文件命名为"标准色"，保存为 AI 格式。单击"保存"按钮，将文件保存。

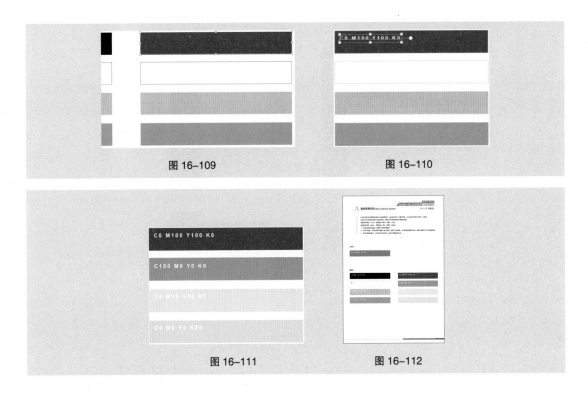

图 16-109   图 16-110

图 16-111   图 16-112

16.1.7 制作公司名片

（1）按 Ctrl+O 组合键，打开云盘中的"Ch16 > 效果 > 盛发游戏 VI 手册设计 > 模板 B.ai"文件，如图 16-113 所示。选择"文字"工具 **T**，选取并重新输入文字"B-1-1 公司名片"，效果如图 16-114 所示。

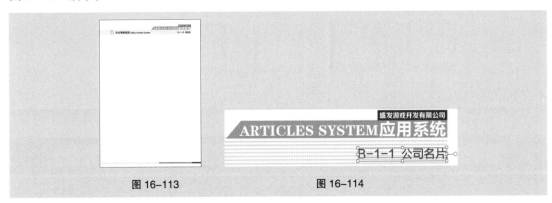

图 16-113   图 16-114

（2）选择"文字"工具 **T**，在页面中输入需要的文字。选择"选择"工具 ▶，在属性栏中选择合适的字体并设置文字大小，效果如图 16-115 所示。

（3）按 Ctrl+T 组合键，弹出"字符"控制面板，将"设置行距" 选项设为 15 pt，其他选项的设置如图 16-116 所示。按 Enter 键确定操作，效果如图 16-117 所示。

（4）选择"矩形"工具 ▢，在页面中单击鼠标左键，弹出"矩形"对话框，选项的设置如图 16-118 所示。单击"确定"按钮，得到一个矩形。选择"选择"工具 ▶，拖曳矩形到页面中适当的位置，在属性栏中将"描边粗细"选项设为 0.25 pt，填充图形为白色并设置描边色为灰色（其 C、

M、Y、K 的值分别为 0、0、0、50），填充描边，效果如图 16-119 所示。

图 16-115

图 16-116 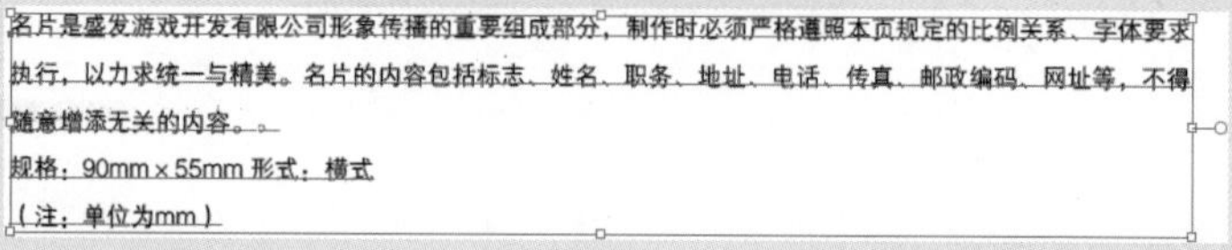   图 16-117

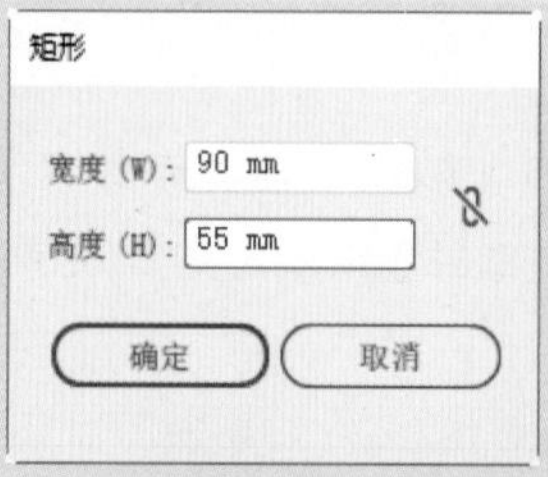

图 16-118 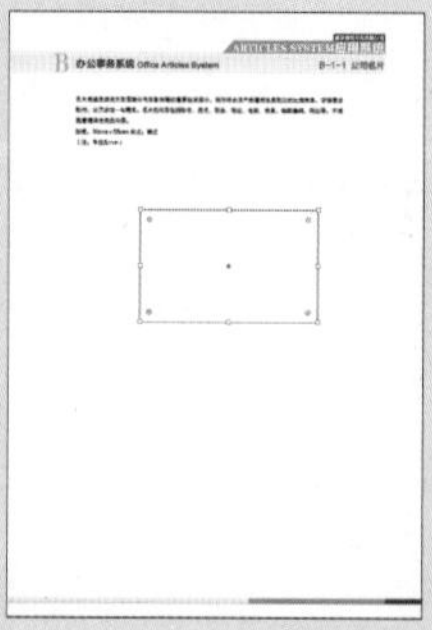   图 16-119

（5）选择"文字"工具 T，在矩形中分别输入需要的文字。选择"选择"工具 ▶，在属性栏中分别选择合适的字体并设置文字大小。按 Alt+ → 组合键，调整文字间距，效果如图 16-120 所示。

（6）按 Ctrl+O 组合键，打开云盘中的"Ch04 > 效果 > 盛发游戏标志设计 > 盛发游戏标志 .ai"文件。选择"选择"工具 ▶，选取标志和标准字，如图 16-121 所示，按 Ctrl+C 组合键，复制图形。选择正在编辑的页面，按 Ctrl+V 组合键，将其粘贴到页面中，分别调整其大小和位置，效果如图 16-122 所示。

图 16-120   图 16-121

（7）选择"文字"工具 **T** ，在标准字下方输入需要的文字。选择"选择"工具 ▶ ，在属性栏中选择合适的字体并设置文字大小，效果如图16-123所示。

图16-122　　　　　　　　　　　　　图16-123

（8）选择"选择"工具 ▶ ，按住Shift键的同时，依次单击需要的文字将其同时选取，如图16-124所示。在属性栏中单击"水平左对齐"按钮 ▣ ，对齐文字，效果如图16-125所示。

图16-124　　　　　　　　　　　　　图16-125

（9）选择"选择"工具 ▶ ，选取白色矩形。按Ctrl+C组合键，复制矩形；按Ctrl+B组合键，将复制的矩形粘贴在后面。按→和↓键，微调矩形到适当的位置，效果如图16-126所示。设置填充色为浅灰色（其C、M、Y、K的值分别为0、0、0、10），填充图形，并设置描边色为无，效果如图16-127所示。

图16-126　　　　　　　　　　　　　图16-127

（10）选择"直线段"工具 ／ 和"文字"工具 **T** ，对图形进行标注，效果如图16-128所示。选择"选择"工具 ▶ ，按住Shift键的同时，单击需要的图形和文字，将其同时选取，如图16-129所示。

（11）按住Alt+Shift组合键的同时，垂直向下拖曳图形到适当的位置，复制一组图形，效果如图16-130所示。选择"选择"工具 ▶ ，选取需要的图形，设置填充色为蓝色（其C、M、Y、K的值分别为100、0、0、15），填充图形，效果如图16-131所示。

图 16-128   图 16-129

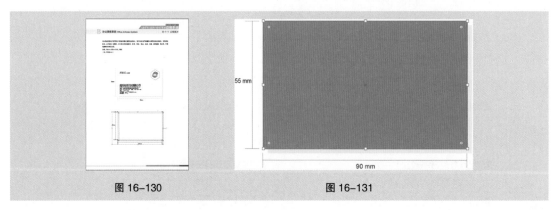

图 16-130   图 16-131

（12）选择"盛发游戏标志"页面。选择"选择"工具 ▶，选取并复制标志和标准字，将其粘贴到页面中适当的位置并调整其大小，填充图形为白色，效果如图 16-132 所示。

（13）公司名片制作完成，效果如图 16-133 所示。按 Shift+Ctrl+S 组合键，弹出"存储为"对话框，将文件命名为"公司名片"，保存为 AI 格式。单击"保存"按钮，将文件保存。

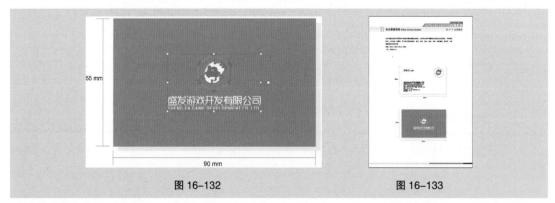

图 16-132   图 16-133

16.1.8　制作信纸

（1）按 Ctrl+O 组合键，打开云盘中的"Ch16 > 效果 > 盛发游戏 VI 手册设计 > 模板 B.ai"文件，如图 16-134 所示。选择"文字"工具 T，选取并重新输入文字"B-1-2 信纸"，效果如图 16-135 所示。

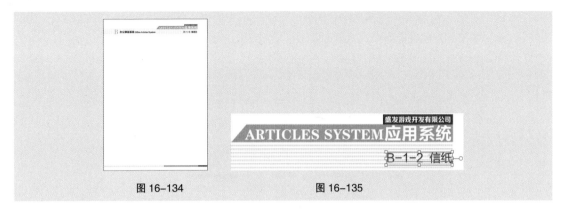

图 16-134　　　　　　　　　　图 16-135

（2）选择"文字"工具 **T**，在页面中输入需要的文字。选择"选择"工具 ▶，在属性栏中选择合适的字体并设置文字大小，效果如图 16-136 所示。

（3）按 Ctrl+T 组合键，弹出"字符"控制面板，将"设置行距" 选项设为 15 pt，其他选项的设置如图 16-137 所示。按 Enter 键确定操作，效果如图 16-138 所示。

图 16-136　　　　　　　　图 16-137　　　　　　　　图 16-138

（4）选择"矩形"工具 ▢，在页面中单击鼠标左键，弹出"矩形"对话框，选项的设置如图 16-139 所示。单击"确定"按钮，得到一个矩形。选择"选择"工具 ▶，拖曳矩形到页面中适当的位置，在属性栏中将"描边粗细"选项设为 0.25 pt，填充图形为白色并设置描边色为深灰色（其 C、M、Y、K 的值分别为 0、0、0、90），填充描边，效果如图 16-140 所示。

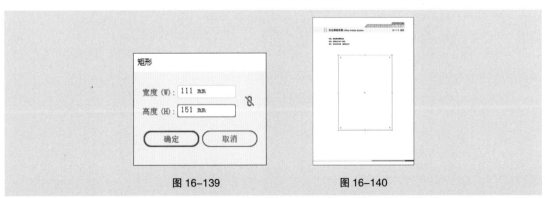

图 16-139　　　　　　　　　　图 16-140

（5）按 Ctrl+O 组合键，打开云盘中的"Ch04 > 效果 > 盛发游戏标志设计 > 盛发游戏标志 .ai"文件。选择"选择"工具 ▶，选取标志和标准字。按 Ctrl+C 组合键，复制图形。选择正在编辑的页面，按 Ctrl+V 组合键，将其粘贴到页面中，拖曳图形到适当的位置，并调整其大小，效果如图 16-141 所示。

（6）选择"直线段"工具 ✎，按住 Shift 键的同时，在适当的位置绘制一条直线，设置描边色为灰色（其 C、M、Y、K 的值分别为 0、0、0、70），填充描边。在属性栏中将"描边粗细"选项设为 0.6 pt，按 Enter 键确定操作，效果如图 16-142 所示。

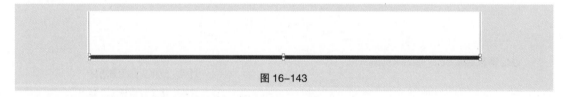

图 16-141    图 16-142

（7）选择"矩形"工具 ▣，在适当的位置绘制一个矩形，设置填充色为红色（其 C、M、Y、K 的值分别为 0、100、100、15），填充图形，并设置描边色为无，效果如图 16-143 所示。

图 16-143

（8）选择"文字"工具 **T**，在适当的位置输入需要的文字。选择"选择"工具 ▶，在属性栏中选择合适的字体并设置文字大小，效果如图 16-144 所示。

图 16-144

（9）选择"直线段"工具 ✐ 和"文字"工具 **T**，对信纸进行标注，效果如图 16-145 所示。使用上述方法在适当的位置制作出一个较小的信纸图形，效果如图 16-146 所示。

（10）信纸制作完成，效果如图 16-147 所示。按 Shift+Ctrl+S 组合键，弹出"存储为"对话框，将文件命名为"信纸"，保存为 AI 格式。单击"保存"按钮，将文件保存。

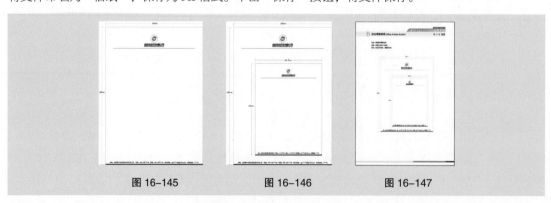

图 16-145   图 16-146   图 16-147

16.1.9 制作信封

（1）按 Ctrl+O 组合键，打开云盘中的"Ch16 > 效果 > 盛发游戏 VI 手册设计 > 信纸 .ai"文件。选择"选择"工具▶，选取不需要的图形，如图 16-148 所示。按 Delete 键将其删除，效果如图 16-149 所示。选择"文字"工具 T，选取并重新输入文字"B-1-3 五号信封"，效果如图 16-150 所示。

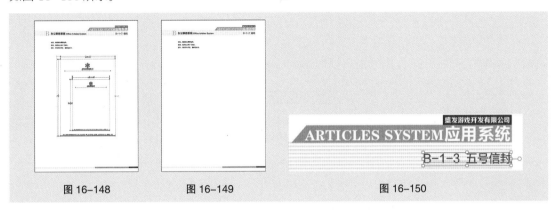

图 16-148　　　　　图 16-149　　　　　图 16-150

（2）选择"矩形"工具▯，在页面中单击鼠标左键，弹出"矩形"对话框，选项的设置如图 16-151 所示。单击"确定"按钮，得到一个矩形。选择"选择"工具▶，拖曳矩形到页面中适当的位置。在属性栏中将"描边粗细"选项设为 0.25 pt，填充图形为白色并设置描边色为灰色（其 C、M、Y、K 的值分别为 0、0、0、80），填充描边，效果如图 16-152 所示。

（3）选择"钢笔"工具✐，在页面中绘制一个不规则图形，如图 16-153 所示。选择"选择"工具▶，在属性栏中将"描边粗细"选项设为 0.25 pt，填充图形为白色并设置描边色为灰色（其 C、M、Y、K 的值分别为 0、0、0、50），填充描边，效果如图 16-154 所示。

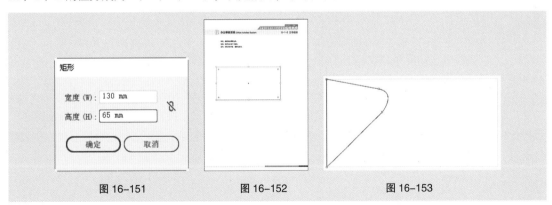

图 16-151　　　　　图 16-152　　　　　图 16-153

（4）保持图形的选取状态，双击"镜像"工具◖▶，弹出"镜像"对话框，选项的设置如图 16-155 所示。单击"复制"按钮，复制并镜像图形，效果如图 16-156 所示。

（5）选择"选择"工具▶，按住 Shift 键的同时，单击后方矩形将其同时选取，如图 16-157 所示。在属性栏中单击"水平右对齐"按钮▤，效果如图 16-158 所示。

（6）选择"钢笔"工具✐，在页面中绘制一个不规则图形。在属性栏中将"描边粗细"选项设置为 0.25 pt，设置描边色为灰色（其 C、M、Y、K 的值分别为 0、0、0、50），填充描边，效果如图 16-159 所示。使用相同的方法再绘制一个不规则图形，设置填充色为蓝色（其 C、M、Y、K 的值分别为 100、50、0、0），填充图形，并设置描边色为无，效果如图 16-160 所示。

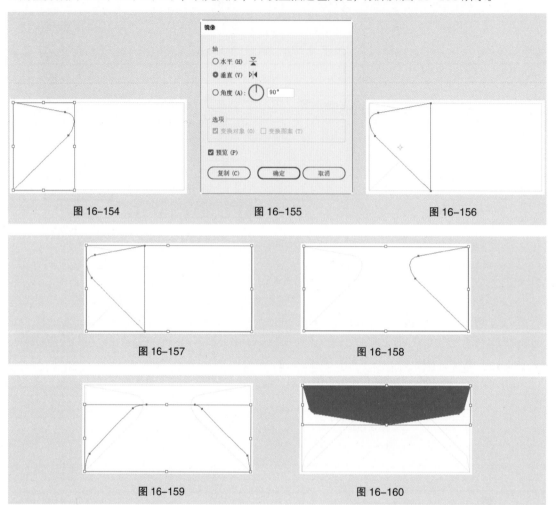

图 16-154   图 16-155   图 16-156

图 16-157   图 16-158

图 16-159   图 16-160

（7）按 Ctrl+O 组合键，打开云盘中的"Ch04 > 效果 > 盛发游戏标志设计 > 盛发游戏标志 .ai"文件。选择"选择"工具▶，选取标志图形，如图 16-161 所示。按 Ctrl+C 组合键，复制图形。选择正在编辑的页面，按 Ctrl+V 组合键，将其粘贴到页面中。拖曳标志图形到适当的位置，并调整其大小，填充图形为白色。取消选取状态，效果如图 16-162 所示。

图 16-161   图 16-162

（8）选择"选择"工具![img],选取需要的图形，如图 16-163 所示。按 Ctrl+C 组合键，复制图形。按 Shift+Ctrl+V 组合键，将复制的图形原位粘贴，并拖曳图形到适当的位置，效果如图 16-164 所示。

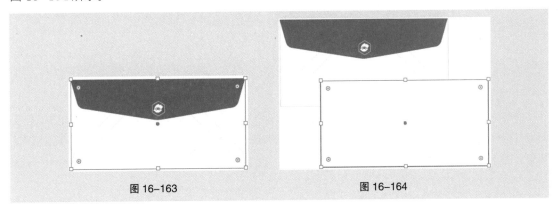

图 16-163　　　　　　　　　　　图 16-164

（9）选择"矩形"工具![img]，在页面中单击鼠标左键，弹出"矩形"对话框，选项的设置如图 16-165 所示。单击"确定"按钮，得到一个矩形。选择"选择"工具![img]，拖曳矩形到页面中适当的位置，在属性栏中将"描边粗细"选项设为 0.25 pt，并设置描边色为红色（其 C、M、Y、K 的值分别为 0、100、100、0），填充描边，效果如图 16-166 所示。

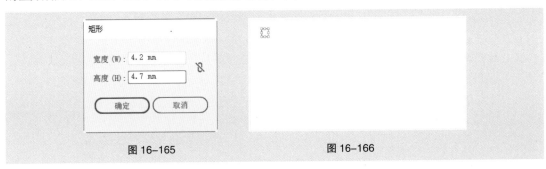

图 16-165　　　　　　　　　　　图 16-166

（10）选择"选择"工具![img]，按住 Alt+Shift 组合键的同时，水平向右拖曳矩形到适当的位置，复制一个矩形，如图 16-167 所示。连续按 Ctrl+D 组合键，按需要再复制出多个矩形，效果如图 16-168 所示。

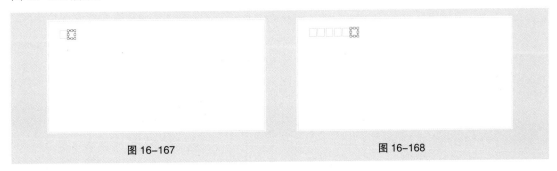

图 16-167　　　　　　　　　　　图 16-168

（11）选择"矩形"工具![img]，按住 Shift 键的同时，在适当的位置绘制一个正方形。在属性栏中将"描边粗细"选项设为 0.25 pt，如图 16-169 所示。选择"选择"工具![img]，按住 Alt+Shift 组合键的同时，水平向右拖曳图形到适当的位置，复制一个正方形，如图 16-170 所示。

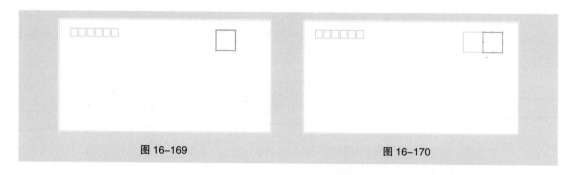

图 16-169   图 16-170

（12）选取第一个正方形，如图 16-171 所示。选择"窗口 > 描边"命令，弹出"描边"控制面板，选择"虚线"复选框，数值被激活，各选项的设置如图 16-172 所示。按 Enter 键确定操作，效果如图 16-173 所示。

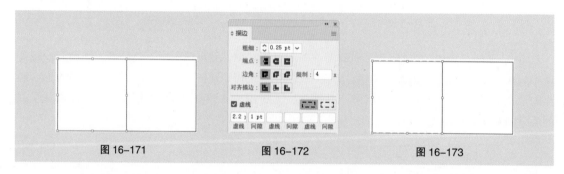

图 16-171   图 16-172   图 16-173

（13）选取第二个正方形，如图 16-174 所示。选择"剪刀"工具 ✂，在需要的节点上单击，选取不需要的直线，如图 16-175 所示。按 Delete 键，将其删除，效果如图 16-176 所示。

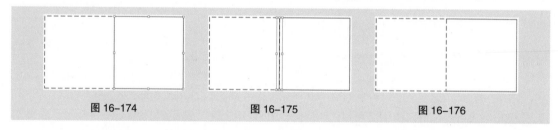

图 16-174   图 16-175   图 16-176

（14）选择"文字"工具 T，在页面中输入需要的文字。选择"选择"工具 ▶，在属性栏中选择合适的字体并设置文字大小，效果如图 16-177 所示。

（15）在"字符"控制面板中，将"设置所选字符的字距调整" 🆅🅰 选项设为 660，其他选项的设置如图 16-178 所示。按 Enter 键确定操作，效果如图 16-179 所示。

图 16-177   图 16-178   图 16-179

（16）选择"盛发游戏标志"页面，选择"选择"工具 ，选取并复制标志图形，将其粘贴到页面中，分别将标志和标志文字拖曳到适当的位置并调整其大小，效果如图 16-180 所示。

（17）选择"直线段"工具 ，按住 Shift 键的同时，在适当的位置绘制一条直线，效果如图 16-181 所示。

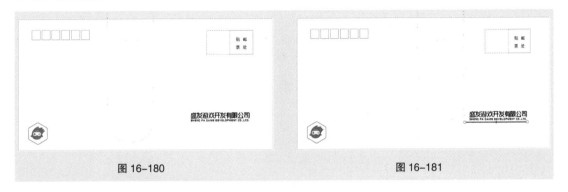

图 16-180　　　　　　　　　　　图 16-181

（18）选择"选择"工具 ，按住 Alt+Shift 组合键的同时，垂直向下拖曳直线到适当的位置，复制一条直线，在属性栏中将"描边粗细"选项设置为 0.25 pt。按 Enter 键确定操作，效果如图 16-182 所示。选择"文字"工具 ，在属性栏中单击"右对齐"按钮 ，输入需要的文字。选择"选择"工具 ，在属性栏中选择合适的字体并设置文字大小，效果如图 16-183 所示。

图 16-182　　　　　　　　　　　图 16-183

（19）选择"矩形"工具 ，在适当的位置绘制一个矩形，如图 16-184 所示。在"描边"控制面板中，选择"虚线"复选框，数值被激活，各选项的设置如图 16-185 所示。按 Enter 键确定操作，取消选取状态，效果如图 16-186 所示。

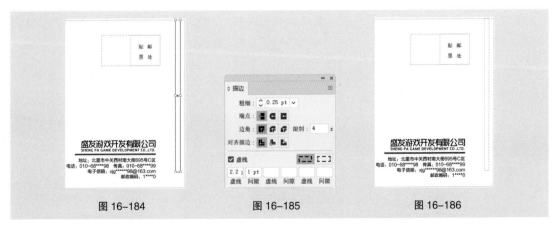

图 16-184　　　　　　　　图 16-185　　　　　　　　图 16-186

（20）选择"矩形"工具 ，在适当的位置绘制一个矩形。在"描边"控制面板中，取消选择"虚线"复选框，将"粗细"选项设为 0.25 pt，按 Enter 键确定操作，效果如图 16-187 所示。

（21）选择"窗口 > 变换"命令，弹出"变换"控制面板。在"矩形属性："选项组中，将"圆角半径"选项设为 0 mm 和 0.9 mm，如图 16-188 所示。按 Enter 键确定操作，效果如图 16-189 所示。

图 16-187　　　　　　　　图 16-188　　　　　　　　图 16-189

（22）选择"钢笔"工具 ✐，在相减图形的左侧绘制一个不规则图形，填充图形为黑色，并设置描边色为无，效果如图 16-190 所示。选择"文字"工具 Ｔ，在属性栏中单击"左对齐"按钮 ≡，输入需要的文字。选择"选择"工具 ▶，在属性栏中选择合适的字体并设置文字大小，效果如图 16-191 所示。

（23）双击"旋转"工具 ↻，弹出"旋转"对话框，选项的设置如图 16-192 所示。单击"确定"按钮，旋转文字，效果如图 16-193 所示。

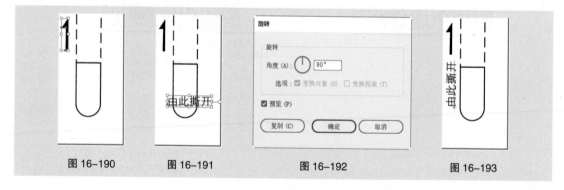

图 16-190　　　　　　图 16-191　　　　　　　　图 16-192　　　　　　　　图 16-193

（24）选择"直线段"工具 ╱ 和"文字"工具 Ｔ，对图形进行标注，效果如图 16-194 所示。信封制作完成，效果如图 16-195 所示。按 Shift+Ctrl+S 组合键，弹出"存储为"对话框，将文件命名为"信封"，保存为 AI 格式。单击"保存"按钮，将文件保存。

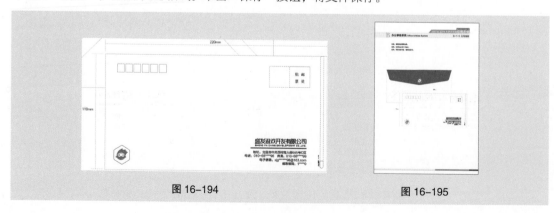

图 16-194　　　　　　　　　　　　　　图 16-195

Photoshop+Illustrator 平面设计实战教程（全彩慕课版）

16.1.10　制作传真

（1）按 Ctrl+O 组合键，打开云盘中的"Ch16 > 效果 > 盛发游戏 VI 手册设计 > 信封 .ai"文件。选择"选择"工具 ▶，选取不需要的图形，如图 16-196 所示。按 Delete 键将其删除，效果如图 16-197 所示。选择"文字"工具 T，选取并重新输入文字"B-1-4 传真"，效果如图 16-198 所示。

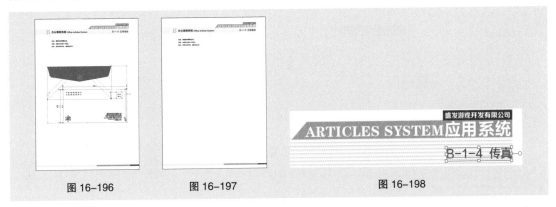

图 16-196　　　　　　图 16-197　　　　　　　　　图 16-198

（2）选择"矩形"工具 ▢，在页面中单击鼠标左键，弹出"矩形"对话框，选项的设置如图 16-199 所示。单击"确定"按钮，得到一个矩形。选择"选择"工具 ▶，拖曳矩形到页面中适当的位置，在属性栏中将"描边粗细"选项设为 0.25 pt，填充图形为白色，效果如图 16-200 所示。

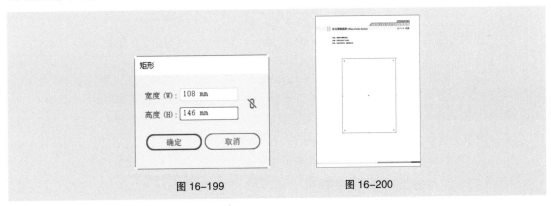

图 16-199　　　　　　　　　图 16-200

（3）按 Ctrl+O 组合键，打开云盘中的"Ch04 > 效果 > 盛发游戏标志设计 > 盛发游戏标志 .ai"文件。选择"选择"工具 ▶，选取标志和标准字。按 Ctrl+C 组合键，复制图形。选择正在编辑的页面，按 Ctrl+V 组合键，将其粘贴到页面中，分别调整其大小和位置，效果如图 16-201 所示。

（4）选择"文字"工具 T，在页面中输入需要的文字。选择"选择"工具 ▶，在属性栏中选择合适的字体并设置文字大小，效果如图 16-202 所示。

图 16-201　　　　　　　　　　　　　　　图 16-202

（5）选择"文字"工具 $\boxed{T}$，在页面中分别输入需要的文字。选择"选择"工具 $\blacktriangleright$，在属性栏中分别选择合适的字体并设置文字大小，效果如图 16-203 所示。将输入的文字同时选取，在"字符"控制面板中，将"设置行距" $\boxed{\text{A}}$ 选项设为 23 pt，其他选项的设置如图 16-204 所示。按 Enter 键确定操作，效果如图 16-205 所示。

图 16-203   图 16-204   图 16-205

（6）选择"直线段"工具 $\diagup$，按住 Shift 键的同时，在适当的位置绘制一条直线，在属性栏中将"描边粗细"选项设为 0.2 pt，效果如图 16-206 所示。选择"选择"工具 $\blacktriangleright$，按住 Alt+Shift 组合键的同时，垂直向下拖曳直线到适当的位置，复制一条直线，如图 16-207 所示。连续按 Ctrl+D 组合键，按需要再复制出多条直线，效果如图 16-208 所示。

图 16-206    图 16-207    图 16-208

（7）选择"文字"工具 $\boxed{T}$，在页面中输入需要的文字。选择"选择"工具 $\blacktriangleright$，在属性栏中选择合适的字体并设置文字大小，效果如图 16-209 所示。传真制作完成，效果如图 16-210 所示。按 Shift+Ctrl+S 组合键，弹出"存储为"对话框，将文件命名为"传真"，保存为 AI 格式。单击"保存"按钮，将文件保存。

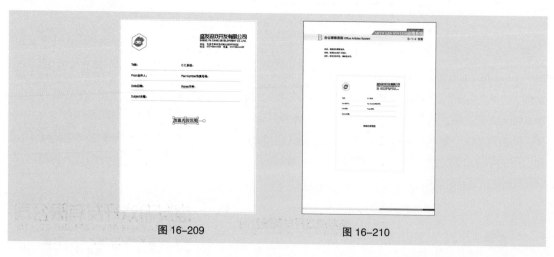

图 16-209   图 16-210

16.2 课堂练习——伯仑酒店 VI 手册设计

【练习知识要点】在 Illustrator 中，使用"矩形"工具、"变换"控制面板、"椭圆"工具和"文字"工具制作模板 A 和 B，使用"矩形网格"工具绘制需要的网格，使用"直线段"工具和"文字"工具对图形进行标注，使用"矩形"工具、"混合"工具和"文字"工具制作标准色，使用"矩形"工具、"钢笔"工具和"镜像"工具制作信封，使用"矩形"工具、"渐变"工具和"直线段"工具制作文件夹。

【效果所在位置】云盘 /Ch16/ 效果 / 伯仑酒店 VI 手册设计 / 模板 A.ai、模板 B.ai、标志组合规范 .ai、标准色 .ai、公司名片 .ai、信封 .ai、纸杯 .ai、文件夹 .ai。

伯仑酒店 VI 手册设计效果如图 16-211 所示。

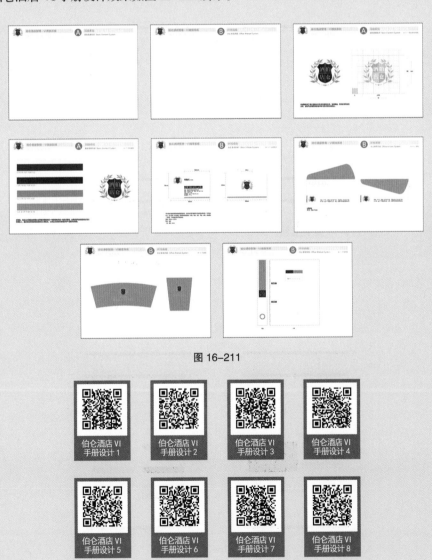

图 16-211

伯仑酒店 VI 手册设计 1　　伯仑酒店 VI 手册设计 2　　伯仑酒店 VI 手册设计 3　　伯仑酒店 VI 手册设计 4

伯仑酒店 VI 手册设计 5　　伯仑酒店 VI 手册设计 6　　伯仑酒店 VI 手册设计 7　　伯仑酒店 VI 手册设计 8

【习题知识要点】在 Illustrator 中，使用"直线段"工具、"文字"工具、"填充"工具制作模板，使用"矩形网格"工具绘制需要的网格，使用"直线段"工具和"文字"工具对图形进行标注，使用"建立剪切蒙版"命令制作信纸底图，使用绘图工具、"镜像"命令制作信封，使用"描边"控制面板制作虚线效果。

【效果所在位置】云盘 /Ch16/ 效果 / 天鸿达科技 VI 手册设计 / 模板 A.ai、模板 B.ai、标志制图 .ai、标志组合规范 .ai、标志墨稿与反白应用规范 .ai、标准色 .ai、公司名片 .ai、信纸 .ai、信封 .ai、传真 .ai。

天鸿达科技 VI 手册设计效果如图 16-212 所示。

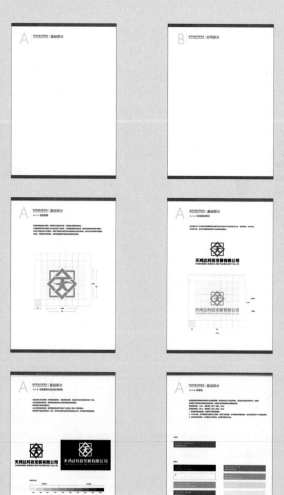

图 16-212

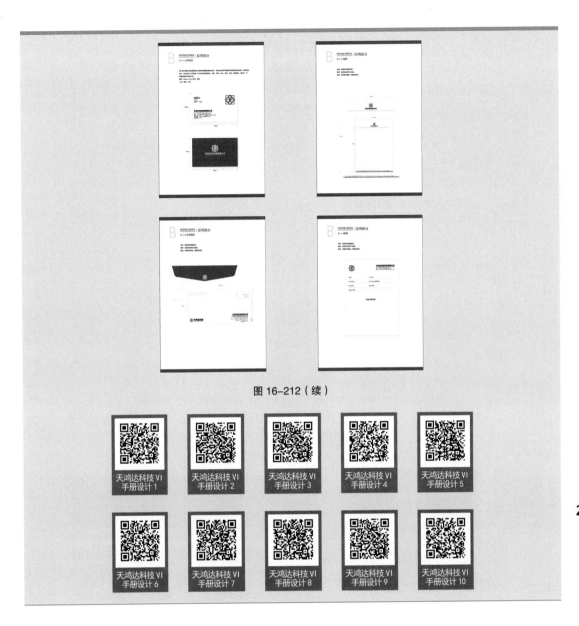

图 16-212（续）

扩展知识扫码阅读

设计基础知识

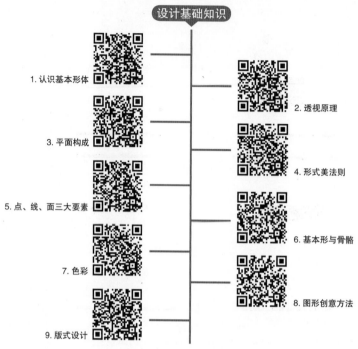

1. 认识基本形体
2. 透视原理
3. 平面构成
4. 形式美法则
5. 点、线、面三大要素
6. 基本形与骨骼
7. 色彩
8. 图形创意方法
9. 版式设计

设计应用知识

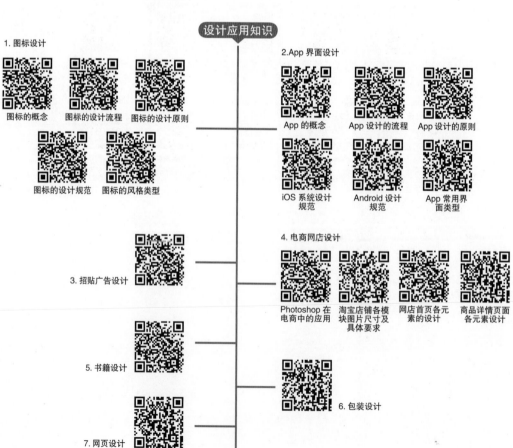

1. 图标设计
   - 图标的概念
   - 图标的设计流程
   - 图标的设计原则
   - 图标的设计规范
   - 图标的风格类型

2.App 界面设计
   - App 的概念
   - App 设计的流程
   - App 设计的原则
   - iOS 系统设计规范
   - Android 设计规范
   - App 常用界面类型

3. 招贴广告设计

4. 电商网店设计
   - Photoshop 在电商中的应用
   - 淘宝店铺各模块图片尺寸及具体要求
   - 网店首页各元素的设计
   - 商品详情页面各元素设计

5. 书籍设计

6. 包装设计

7. 网页设计